石油勘探地震检波

◎ 魏继东　著

中国海洋大学 出版社
CHINA OCEAN UNIVERSITY PRESS

内容提要

地震检波是地震勘探野外采集的三大环节之一,对于保证数据质量具有非常重要的意义。本书第一章介绍了地震采集阶段噪音的类型以及噪音对地震采集效果的重要影响。第二章在回顾检波器-大地耦合系统研究历史的基础上,提出了野外大规模测量并消除耦合响应的方法,有助于降低地震数据的高频端畸变,提高识别精度。第三章通过对比两种典型检波器的数据表现差异并追溯相应的性能指标原因,提出了比较不同检波器应该遵循的方法以及初步的结果,对于检波器选型具有较强的参考意义。最后,在分析地震勘探野外采集阶段有效波以及干扰波特征的基础上,量化分析了不同检波器组合因素对组合压噪效果的影响,提出了具有针对性的建议。本书可作为地震勘探研究人员的参考书籍,也可供高等院校相关专业的师生参考或研讨。

图书在版编目(CIP)数据

石油勘探地震检波/魏继东著. —青岛:中国海洋大学出版社,2013.12

ISBN 978-7-5670-0517-4

Ⅰ.①石… Ⅱ.①魏… Ⅲ.①油气勘探－地震勘探

Ⅳ.①P618.130.8

中国版本图书馆 CIP 数据核字(2013)第 311906 号

出版发行	中国海洋大学出版社			
社　　址	青岛市香港东路 23 号		邮政编码	266071
出 版 人	杨立敏			
网　　址	http://www.ouc-press.com			
电子信箱	flyleap@sohu.com			
订购电话	0532-82032573(传真)			
责任编辑	张跃飞		电　　话	0532-85901092
印　　制	青岛正商印刷有限公司			
版　　次	2016 年 10 月第 1 版			
印　　次	2016 年 10 月第 1 次印刷			
成品尺寸	185 mm×260 mm			
印　　张	10.25			
字　　数	180 千			
印　　数	1—1 000			
定　　价	68.00 元			

前 言

在石油勘探野外采集的过程中,震源激发的地震波传播到反射界面后,部分能量会以波动的形式重新返回到地面。地震检波的过程就是拾取地表振动并记录的过程。受技术手段的限制,人们目前无法直接测量到震源激发所带来的大地的真实振动,所以只好把能够将机械信号转换为电信号的检波装置插到地上,间接测量大地振动,从中读取地震波所携带的地球物理信息。地震检波器就是指向以上目的的一种装置。

在石油地震勘探中,检波器的作用是以尽量小的失真产生地面振动单分量或者多分量的电模拟,完整地反映地震波的动力学特征。在这种间接测量的过程中,在两个环节上产生了误差:大地振动与检波器外壳振动之间的误差——耦合效应,检波器外壳振动与检波器输出电信号之间的误差——机电效应。所以,检波器的设计与制造必须最大限度地减小耦合效应带来的耦合噪声以及机电效应带来的电噪声,尽量忠实地记录大地振动。同时,基于石油勘探地质目标的特征以及地震采集阶段有效反射波、干扰波的性质,组合检波因素的选择,对于检波器组合压制干扰波、突出有效波的能力具有重要意义。

本书在分析野外采集阶段有效波与干扰波不同特征的基础上,结合石油勘探地质目标的独特性,首次提出了野外工业规模下监测、衰减检波器-大地耦合效应的解决方案,厘清了检波器选型比较中众多因素对地震数据的影响;认为当前很多新型检波器的努力方向都是改进机电效应,之所以它们难以取代传统的动圈式检波器在野外施工中的主导地位,根本原因是因为石油勘探中以机械噪音为主的噪音太强了。最后,在第四章中,通过量化分析组合因素对检波器组合压噪能力的影响,提出了选择组合因素的分析方法,对于选择合理有效的检波器组合方式具有一定的指导意义。其中,第四章引用了笔者博士毕业论文《地震勘探组合检波技术研究》中的一部分。

该论文是在笔者导师、中国工程院院士、中国海洋大学教授李庆忠先生的指导下完成的。李老师的思想、思路、态度以及对我的启发,贯穿了我论文的所有部分,在此表示感谢!

最后,由于笔者学识有限,书中错误疏漏之处在所难免,敬请读者批评指正!

中石化地球物理公司胜利分公司

魏继东

2015 年 12 月

CONTENTS

目 录

1

地震采集阶段的信号与噪音

石油地震勘探是根据地质学和物理学的原理,利用电子学和信息学等方法,在地表附近用炸药、机械撞击或者连续振动震源激发产生地震信号并向地下传播,地震信号在具有不同物性的地层分界面上反射后回到地面,再用仪器记录下爆炸后地面上各点的震动情况;通过分析地震波所携带的地质信息,间接推断数百米至数千米下的地质情况,进而寻找可能的储油气单元。石油地震勘探目前主要采用反射波法进行。

"信号(Signal)"一词来源于拉丁语的"Signum",意为符号或者代码。《韦氏大学词典》(*Merriam-Webster's Collegiate Dictionary*)将信号定义为信息或者情报可以借以被传送的、可以被检测到的物理量或者脉冲(比如电压、电流或者磁场强度等)。在反射波法石油勘探中,信号指的是有利于目标地质体识别的"有效反射信号"。[1]

"噪音(Noise)"来源于拉丁语"Nausea"。在古法语中,Noise的意思是Trouble(麻烦)。在物理学中,噪音指会模糊或者降低信号清晰度的、随机或者持续的干扰。对于反射地震而言,噪音是对有效反射信号识别具有干扰作用的"非有效信号"。噪音与信号的定义是相对的,在某些情况下,二者可以相互转换。[1]

一、有效反射信号的影响因素

在地震采集阶段,也就是地震信号自震源激发到被记录到磁带上的过程。对于陆上地震勘探来说,影响地震信号振幅、频率等特征的因素主要包括以下几个方面。

(一)大地吸收衰减

当地震波在地下介质中传播时,由于地下岩层是非完全弹性的不均匀介质,地震波的部分弹性能量不可逆转地会转化为热能而发生耗散,使得地震波的振幅衰减。这种由于介质的非完全弹性而引起的振幅衰减现象称为吸收。较地下致密岩层而言,低降速带对有效波的吸收最为强烈。160 Hz反射波在地表15 m的吸收量相当于地下传播数千米的距离。如果在沙漠或者黄土塬地区,由于巨厚低降速带的存在,大地吸收更为强烈。

（二）组合效应

检波器组合是目前野外采集阶段普遍采用的压制干扰波的方法之一。检波器组合对有效反射波的压制，会因为不同的地质模型、不同的观测系统而不同。如果只是考虑检波器组合效应的话，随着沿排列组合基距的减小，组合对反射波的压制量显著减小。

（三）组内时差

R. E. Sheriff 曾经指出，相对高程的微小变化、埋置条件或表层速度的差异，都极易产生数毫秒的时差，这就构成了一个高截滤波器。野外组合中的时差包括各检波器及可控震源各震点之间相对高程的不同而导致的时差。组合时差越小，越有利于提高有效信号的可记录范围。

（四）爆炸子波

理想震源产生的地震信号应该满足以下几个条件：① 有足够的能量，这样在传播很远距离之后，仍然可以被检测到。② 持续时间较短，以便可以分辨离得很近的两个界面。③ 可重复。④ 不会产生噪音影响反射波的监测。

陆地上产生震源信号的方式包括井中的爆炸震源、大脉冲量地面震源、小型地面震源以及可控震源等。[2]震源信号的特性，主要是能量以及频谱特征，是决定地震资料分辨率与信噪比的关键因素；而决定震源信号特性的因素除了震源本身的物性、质量等因素以外，还包括周围介质的物性，二者之间的耦合（阻抗耦合、几何耦合），激发位置，爆炸深度，组合形式，激发方式等。

（五）检波器-大地耦合

人们以往假定，检波器能够无畸变地接收激发点产生的、经过地下波阻抗界面反射或折射以及大地吸收衰减等改造后到达接收点的地震波，准确地再现地面的振动。但实际上，安置在地表的检波器与大地共同构成了一个振动系统，其振动方式类似于磁场中的检波器振荡线圈与检波器外壳之间的相对运动，称为检波器-大地耦合系统。检波器接收到的，是经过检波器-大地耦合系统改造后的振动信号。

影响检波器-大地耦合效果的因素主要有地表耦合介质的物性、检波器的性能参数以及环境条件等。研究表明，检波器-大地耦合系统是一个低通滤波器，对地面振动信号具有滤波作用。检波器与大地之间的良好耦合，对于提高地震信号的保真度具有重要作用。

以上几点是地震信号进入检波器之前的主要影响因素。进入检波器之后，检波器以及地震仪的性能、参数也会对地震信号的属性产生影响，将在第三章《检波器性能指标与地球物理效应》中作详细的讨论。

二、噪音的分类与衰减

根据野外采集阶段噪音的出现规律，可以将噪音分为规则干扰波和随机干扰波。前者包括面波、折射波、声波等干扰，后者包括风吹草动等引起的频带宽、速度多变的环境噪音。[4]无论是相干噪音还是随机噪音,野外采集阶段均可以通过组合检波、多次覆盖等方法进行衰减。但是,随着地震勘探区域在地表、地下两个方面的复杂化,在某些地区,特别是地表复杂地区,组合检波与多次叠加并没有有效地衰减各类噪音。究其原因,是因为当前地震采集阶段噪音的归类以及衰减方法仍然存在一定的误区。

(一) 相干噪音

面波、折射波、声波等源自炮点的原生噪音是最典型的相干噪音,往往被视为提高信噪比的主要障碍,在采集阶段主要采取沿排列的组合方式进行衰减。沿排列的组合方式在地表条件比较单一的平原地区非常有效,保证了数据的质量。但是,除了源自炮点的噪音以外,还有其他非源自炮点的噪音也属于相干噪音,主要包括两类:由震源激发的次生噪音、具有相干特征的环境噪音。

1. 原生噪音

这类噪音指的是由震源发出的、有一定主频和视速度的规则干扰波,具有很强的相干性,比如面波、声波、浅层折射波等。主要依靠沿排列方向的组合检波以及多次叠加进行衰减。在施工因素设计合理的情况下,可以得到有效衰减。

2. 次生噪音

野外采集时,震源激发后,大地震动引起地表与大地耦合不良的部分产生对地的重新锤击,形成所谓的次生干扰波(图 1-1)。这种次生干扰波之所以在地震记录上经常表现为随机性,是因为干扰源分布的随机性以及次生干扰波之间相互干涉造成的,并非干扰波本身是随机的。次生干扰波不属于随机干扰波,无法根据其统计特性进行有效衰减。

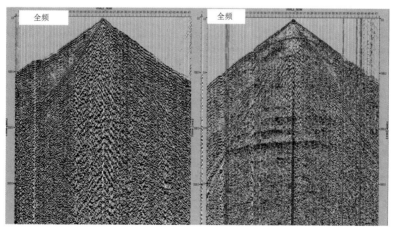

(a) 山体部分的监视记录　　　　　(b) 平坦区的监视记录

图 1-1　山地勘探中的次生干扰波

3. 具有相干特征的环境噪音

图 1-2 是某地区环境噪音调查的监视记录(道距 2 m)。记录中可以看到很多不同曲率以及强度的双曲线同相轴,说明此类干扰来自调查排列的侧面,位于排列的不同位置且有不同强度。这种环境噪音也不具有随机特性,属于相干噪音,不能按照统计特性进行衰减。

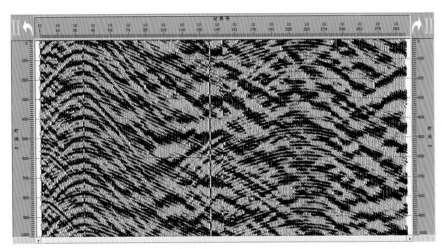

图 1-2　环境噪音不等于随机噪音

次生噪音以及具有相干性的环境噪音都有多波源、多波速的特点,在监视记录上经常因为相互干涉而表现为类似随机噪音的杂乱反射。

所以,地震采集阶段的相干噪音应该包括 3 类:① 源自炮点的原生噪音;② 非源自炮点的次生噪音;③ 可能来自任何方向、具有相干性的环境噪音,而非仅仅是①。后二者的压制方法具有不同于①的特点。

平原地区监视记录中,往往因为面波或者折射波,这类原生噪音比较强,而导致记录面貌较差。但是经过处理后,仍然可以得到较好的剖面。在次生干扰非常严重的工区,则以次生噪音以及具有相干特征的环境噪音为主;此类地区有时甚至连完整的面波与折射波都看不清,这正是次生干扰非常严重的表现。在很多低信噪比地区,所期望的反射信号常被这些视波长可以达到 150~250 m 的噪音所淹没。在一些次生干扰非常严重的地区,甚至在水平叠加剖面中可以清楚地看到强烈的次生干扰波。

就相干噪音而言,最有效的衰减方法是组合检波。但在平原地区,普遍采用的主要沿排列方向(in-line)方向展开的组合方式并不适合地表条件复杂、次生干扰严重的地区,而应该在垂直排列方向(cross-line)上横向拉开组合。[5] 只要沿垂直排列方向拉开大约一个最长干扰波视波长的距离,同时配合室内道间混波,就能够较好地压制各种来自不同方向的原生、次生相干干扰,在地表复杂地区得到较好的采集资料。目前,中国西部部分地区采用的宽线大组合施工方法除了兼具横向拉开组合的作用外,还可以在室内先做静校正后再组合;同时,道内组合拉开的距离不必非常大,这样有利于缩小组内高差,从而可以在提高资料信噪比的同时改善分辨率。

(二) 随机噪音

随机干扰的来源是多方面的,包括风吹草动、系统噪音等。文献[3]认为,随机干扰主要是由地面的微震、激发产生的不规则干扰以及仪器接收过程中的噪音引起的干扰(图 1-3)。本书此前谈到,次生噪音具有相干性,应该根据其方向特性、依靠横向检波器组合进行衰减。随机干扰在地震记录上表现为杂乱无章的振动,无一定的视速度,频带很宽,主要利用统计特性进行衰减。

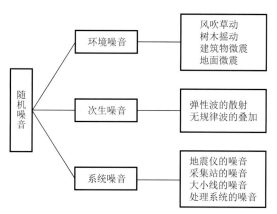

图 1-3　次生噪音被认为是随机噪音的一种

在地震记录上,被视为随机噪音的干扰波至少存在以下 3 种来源:① 系统噪音。因为当前采集设备的系统噪音已经远远低于环境噪音的强度,所以不是影响数据质量的主要方面。但是,当我们希望用反褶积的方法恢复极弱的低频信号时,系统噪音就会起作用(详见第三章《检波器性能指标与地球物理效果》)。② 风吹草动等具有随机特征的、由环境扰动形成的干扰。这一来源因不同的地区、气候、地表条件而存在巨大差异。③ 检波器与地表之间的耦合关系也会产生噪音。当耦合较好时,会产生耦合噪音,但是这种噪音是可测量的,主要表现在高频端(详见第二章《检波器-大地耦合系统》);如果耦合效果较差,尾锥与介质之间存在较大缝隙,检波器振动与大地振动之间的非线性因素增加,这种脱耦噪音是目前难以测量的。其中,第二种噪音以及震源激发的振动是第三种噪音的外在激励,内因则是检波器-大地之间耦合系统的线性以及非线性关系。目前对于前两种噪音的认识是比较明晰的,对于第三种噪音,特别是脱耦噪音,则缺乏明确的认识。

通过两个试验可以观察耦合噪音的存在及其影响程度。

1. 检波器方形"超小排列"噪音接收试验

在同一种地表耦合介质的情况下,将每 6 个单点检波器放置为一排,共计放置 4 排,形成一个 6×4 的小型排列,检波器间距 1 cm(图 1-4)。然后分为附近有人走动和平静两种情况(分别代表大、小噪音)录制噪音。

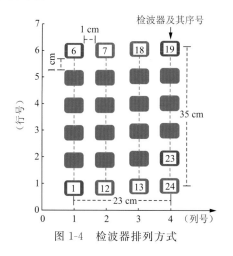

图 1-4　检波器排列方式

从环境干扰的角度来看,无论是相干的噪音还是随机的噪音,在试验所示的狭小空间(35 cm×23 cm)内都是一样的。为了说明这一点,分别挑选了排列四角的 4 个检波器(红色,编号分别为 1、6、19、23),计算记录长度为 1 s 时 4 个检波器记录环境噪音的均方差振幅,共计算 16 个时段,得到图 1-5。由图 1-5 可见,位于排列四角的 4 个检波器所记录的环境噪音基本上没有差别(即 4 条曲线基本重合),这说明排列中 24 个检波器所记录的环境噪音与检波器空间摆放位置没有关系;如果 24 个检波器接收到的噪音存在差异,则原因只有一个——耦合条件。

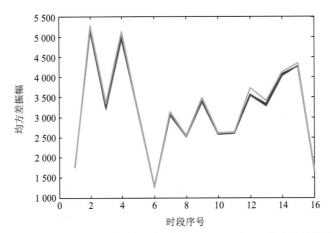

图 1-5　位于排列四角的四个检波器(序号 1、6、19、23)在 16 个时段的均方差振幅

图 1-6 是在 9 个不同时间段记录的 22 个(排列中 24 个检波器坏了 2 个)检波器接收到的环境噪音(归一化后)。由图 1-6 可以看出,每个检波器在不同时段录制的环境噪音相对于其他检波器的态势,或者说每条曲线与其他曲线相比,其形状是非常相似的。也就是说,

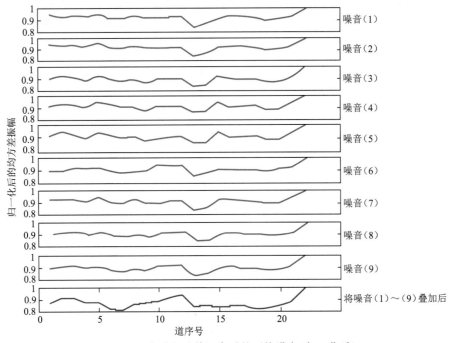

图 1-6　9 个时段及其组合后的环境噪音(归一化后)

某些检波器,比如图中的第 22 个(对应排列中序号 24)检波器,其噪音水平始终大于其他检波器;而第 13 个(对应排列中序号 15)检波器的噪音则始终小于其他检波器。这说明即使在外界激励相同的情况下,检波器由于耦合条件不同,接收到的噪音也存在很大差异,并且这种"差异"相互之间具有一定的稳定性。这种由于耦合条件差异带来的噪音可以被称为耦合噪音。

以噪音(2)、(9)为例进行具体分析(图 1-7)。

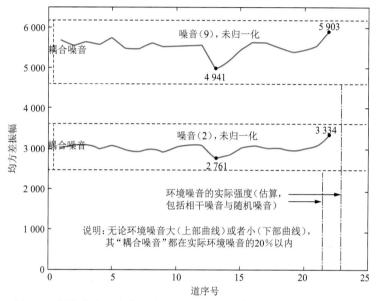

图 1-7　耦合噪音强度大约在环境噪音的 20% 以内(只对试验 1 而言)

目前,检波器与大地介质完全耦合是不可能的。实际的环境噪音要比埋置条件最好的第 13 道稍小一点(因为即使第 13 道也存在耦合噪音,也只不过比其他耦合较差的道要弱一些)。同时,第 22 道(对应排列中检波器 24)是故意埋得较差的检波器,所以耦合噪音比较大。在实际施工中不会出现这种情形,可以视为耦合噪音的上限。

从图 1-7 可以看到,对环境噪音较强的噪音(9)而言,耦合噪音为 1 000 左右(图 1-7 上部曲线);环境噪音较弱的噪音(2)中,耦合噪音则只有 500 左右(图 1-7 下部曲线)。这在一定程度上说明了选择低噪音天气施工具有重要意义。

根据试验(1)可以得到以下结论。

(1) 无论环境噪音大还是小,耦合噪音均为实际环境噪音强度的 5%～20%,并且对埋置好的每个检波器来说,其"相对幅度"是基本稳定的;耦合噪音越小的道(比如第 13 道),耦合效果越好。但是这种耦合噪音在某种程度上不是人为可以操控的。因为施工人员从主观上希望达到相同的耦合效果,但从试验(1)的结果来看,这种期望显然没有实现。耦合噪音之间的不一致性,使得检波器之间道间一致性的意义减小了。因为耦合噪音的差异远远超出了检波器 -60 dB 或者 -90 dB 的线性畸变范围,这也是数字检波器极低畸变指标难以体现优势的原因。

(2) 多次叠加没有改变每个检波器对应的耦合噪音的相对幅度(环境噪音的 5%～20%)。

（3）克服随机噪音除了选择低噪音天气施工、利用统计规律衰减环境噪音以外，还要通过改进埋置方法、保证耦合质量等措施来减小耦合噪音。

2. 4 种不同耦合介质、环形"超小排列"噪音接收试验

将 12 个相同的容器分为 3 组（每组 4 个），分别填满沙子、捣结实的硬土、稀泥。然后将其放入一个事先挖好的、宽度略大于容器直径、深度相当于容器高度、半径约为 0.5 m 的环形槽中。3 组交替依次排列。最后将容器缝隙填满土，在圆心处埋置 4 个检波器（图 1-8）。

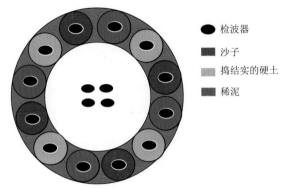

图 1-8 环形"超小排列"示意图

因为圆形在各个方向具有相同的方向特性，同时在半径为 0.5 m 的圆形面积中，环境噪音可以视为完全一致。如果 4 组介质（包括圆心的 1 组）同时接收到的环境噪音有所不同，就是因为介质不同，进而使得耦合条件不同产生的噪音差异，这种差异主要反映了检波器—介质之间耦合条件的不同。

录制噪音计算每组介质的均方差振幅（共计录制了 5 个时段，每个时段 8 s），得到图 1-9。

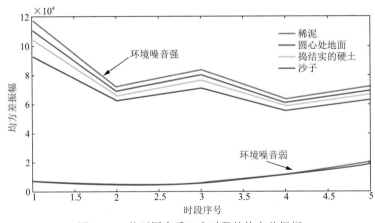

图 1-9 4 种不同介质 5 个时段的均方差振幅

图 1-9 说明：由于耦合介质的不同，即使在环境噪音相同的情况下，因为耦合介质的不同，检波器接收到的噪音也不同。当环境噪音较小时（图 1-9 下部曲线），稀泥、捣结实的硬土、（圆心）普通地面、沙子 4 组介质接收到的噪音依次减小，差异在 102%～106% 之间（以噪音最小的沙子为标准）；当环境噪音较大时（图 1-9 上部曲线），这种差异则可以达到 110%～

120%,其中,稀泥的耦合噪音要远大于其他3种介质。这可以说明检波器-大地耦合系统对环境噪音的放大作用。

关于耦合噪音产生原因的理论分析以及衰减方法,详见第二章《检波器-大地耦合系统》。

随机干扰主要依靠组合检波与多次覆盖进行衰减,但有以下几点需要注意。

(1)在其他因素合理的前提下,不必拘泥于组内距大于相干半径的限制。计算表明,在固定组合基距的前提下,增加检波器个数有利于提高信噪比。

(2)数字检波器单点采集时覆盖次数往往不足以有效衰减随机噪音。我国东部某些地区模拟检波器施工常常采用10(纵)×2(横)=20次覆盖,采用单点数字检波器,则可以达到20×6=120次覆盖,甚至更高,看似覆盖次数有了很大提高。但是从压制随机噪音的角度考虑,使用模拟检波器时每道36个检波器,那么对于环境噪音来说,实际参与叠加的次数是36×10×2=720次。从图1-10可以看出,模拟检波器覆盖720次对压制随机干扰是足够的,而数字检波器120次覆盖在衰减随机噪音方面与模拟检波器相比要差大约10 dB。也就是说,数字检波器120次覆盖对于衰减随机噪音来说是不够的。

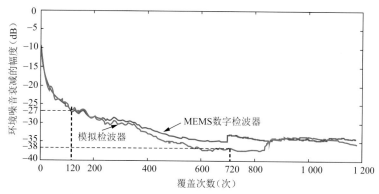

图1-10 随机噪音衰减与覆盖次数之间的关系曲线

(3)组合或者多次叠加对于衰减耦合噪音的相对幅度没有明显帮助。在试验(2)数据的基础上,计算4种不同耦合介质接收到的环境噪音在经过不同次数叠加后的均方差振幅(图1-11)。由图1-11可见,多次叠加对衰减环境噪音具有明显的作用,但是耦合噪音的相对幅度与多次叠加前相比并没有明显降低。

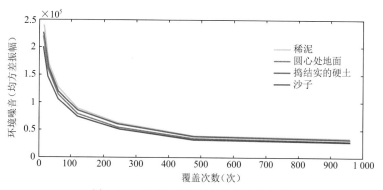

图1-11 环境噪音随覆盖次数变化曲线

（三）相干噪音与随机噪音的关系

就像"运动是绝对的，静止是相对的"一样；相干是绝对的，随机是相对的。相对于野外道距这个数量级的空间尺度来说，微观上的相干噪音表现为监视记录上的随机噪音，是因为地震勘探观测尺度相对大。比如，李庆忠院士曾经观测到视波长只有数米的次生低速干扰。这种干扰在道距为数十米时表现是随机的；但是当道距缩小到 1 m 的话，则出现相干的特征。所以，在基于某种道距的基础上，有的噪音是真随机——道间不具有相干性，要利用统计效应进行衰减；有些则是假随机，从现象看是随机的，其实是相干噪音因为道距太大或者众多干扰源相互干涉而造成的随机表现。

所以，存在宏观与微观两种次生噪音。在风等的激励下，由于大地-检波器之间耦合不良导致的脱耦噪音（据李庆忠）是属于微观的次生噪音。风是外界激励，耦合不良则是脱耦噪音存在的内因。另一种是宏观的次生噪音。在震源或者巨大机械振动的激发下，产生次生振动，传播到排列上。这种干扰在记录上表现为双曲线，经常因为相互干涉而显得杂乱无章。

同时，耦合不良的介质往往吸收严重，并常常伴有强烈环境噪音。这 3 种因素的同时作用，对地区的高频勘探形成了一道目前技术条件下难以逾越的门槛，使得高于某个频段的高频勘探效果大大降低。

（四）小结

地震采集阶段是压制地震噪音的最重要阶段之一。根据噪音出现的规律，非源自炮点的次生噪音以及来自四面八方的具有相干性的环境噪音应该被列为相干噪音。如果不在采集阶段采用横向拉开的组合方式进行衰减，则很难通过室内处理加以有效消除。耦合噪音是随机干扰的重要组成部分，需要通过改进尾锥结构、低噪音条件施工、强化质量管理等措施进行衰减。采集阶段噪音的归类以及衰减方法可以总结为表 1-1。

表 1-1　采集阶段噪音的归类以及衰减方法

相干噪音		野外采集阶段压噪方法	备　注
相干噪音	原生噪音	in-line 组合，多次叠加	与组合、叠加因素有关
	次生噪音	cross-line 组合，多次叠加	横向组合距离要足够
	相干性环境噪音	cross-line 组合，多次叠加	横向组合距离要足够
随机噪音	系统噪音	远低于环境噪音，不考虑	
	风吹草动等环境噪音	组合检波，多次叠加	总的叠加次数要足够
	耦合噪音	改进检波器尾锥，低噪音施工，严格质量管理	与覆盖次数无明显关联

三、近地表是信号与噪音的最关键影响因素

野外采集阶段影响地震信号以及噪音的所有因素中，一个贯穿始终的重要主线是近地表。近地表结构一般指地球的表层结构，即受大自然环境变化所影响到的部分，其下是真正

地质意义上的岩层结构。它们没有受到大自然环境的影响,保持着原有的地质岩性特征。近地表的岩性特征、层理特征、胶结程度、速度参量、密度参量等由于受大自然环境影响而发生了变化。从地质意义上来说,大气圈渗入岩石圈部分即为表层结构。从地震地质角度来说,这个表层结构制约着地震勘探的成果。近地表地层的地质、地球物理以及空间特征对震源信号的特性、大地吸收衰减、检波器-大地耦合效果、组合图形空间展布因素的选择以及处理阶段的静校正、速度分析、叠加成像等,均具有最重要的影响。近地表的底界,对于石油勘探而言,可以被称为"信号与噪音的空间分界线"。

就我国而言,东西部地区的近地表呈现出不同的特点。

东部沉积平原的地表高程变化普遍比较平缓,表层主要覆盖有第四系松散的没有胶结或者弱胶结的颗粒堆积物,潜水面较浅并且相对稳定。低速带速度一般在 $300\sim900\ \mathrm{m/s}$ 之间,厚度多在 $1\sim15\ \mathrm{m}$ 之间;降速带速度一般在 $700\sim2\ 100\ \mathrm{m/s}$ 之间,厚度多为十几米到几十米;高速层速度一般为 $1\ 600\ \mathrm{m/s}$ 以上。各层之间分界明显,厚度较小,所以对有效波的吸收较西部低降速带巨厚的地区要小得多。

西部地区存在大量地表极端复杂的施工区域。所谓复杂,既包括地表自然和人文地理环境方面的复杂性(特殊地貌、恶劣的气候、交通不便、地面建筑群、地表和地下各种设施和障碍物、森林、水域、沼泽、人为环境噪音等),也包括近地表介质在结构和组成方面的复杂性。复杂地表对地震检波的影响主要表现在 3 个方面。

(1)表层物性复杂。表层介质包含了疏松表土、淤泥、沙砾、岩石等不同类型。各种介质不仅组成、形态不同,力学性质也存在较大差异。这一方面影响了有效波的吸收,因为近地表疏松的(特别是巨厚的)表土对反射波有着严重的衰减作用;另一方面,因为地表介质直接与检波器尾锥接触,所以介质物性的不同也使得大地与检波器之间的耦合关系出现较大差异。当耦合效果较差时,会使得有效信号发生畸变,影响地震信号的精度,降低分辨率。

(2)低降速带结构复杂。低降速带结构的纵横向变化大,不同地表类型表层结构构成方面存在巨大差异,如"低速层+高速层"(双层结构)、"低速层+降速层+高速层"(多层结构),表层厚度和速度呈连续介质性质——非层状结构等多种结构类型,还表现在低降速带的厚度与速度及下伏高速层的层速度在空间上剧烈变化的非稳定性和巨大的结构分异性。例如,有的地区低降速带中存在一层甚至多层速度很高的薄层。这一方面可能有利于获得频率较高的爆炸子波,另一方面又有可能对有效反射信号产生屏蔽作用。另外,低降速带横向变化产生的波阻抗界面,也是一种典型的次生源,可能产生严重的次生干扰。

(3)地表产状复杂。在山地、沙漠、黄土塬等复杂地表地区,地表的起伏非常剧烈,常常出现大角度、多方向的地面倾角,很多情况下甚至近于直立,往往在极短的距离内形成很大的高差。[4]而勘探中出于保护有效波的需要,对于检波器组合内的高差有一定限制。这种地表高程的强烈变化,一方面使得突出地面的山头、沙丘等产生了强烈次生干扰,环境噪音非常发育;另一方面,也使得出于压噪方面的需要而在 in-line 方向以及 cross-line 方向拉开一定距离进行组合检波以便压制干扰波的施工设想无法实施,进一步降低了信噪比(图 1-12)。

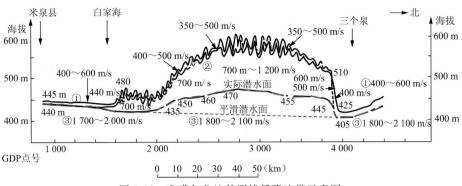

图 1-12　准噶尔盆地某测线低降速带示意图

四、地震信号的动态范围决定于噪音

地震勘探中深层与浅层、远道与近道、高频与低频信号幅值相差很大。地震记录系统要同时满足记录弱小信号和大信号的能力,特别是对微弱信号的记录能力,因为微弱信号与微幅结构信息、精确岩性描述、更深目的层识别都有密切的关系。就陆上石油勘探而言,风吹草动引起的高频微震干扰太强、大大超过中深层反射的高频信号,是影响地震有效信号识别的最主要原因。本书调查的我国东部山东省东营市 HJ 地区冬季微风夜晚最浅目的层反射波较环境噪音的动态范围只有 40 dB 左右[图 1-13,有效反射信号较环境噪音的动态范围=$20 \times \lg$(最浅目的层反射波振幅/环境噪音均方差振幅)],更深目的层则更小;同时震源激发后会产生次生噪音,使得有效信号较噪音的动态范围变得更小。在地表复杂地区,无论环境噪音还是次生噪音,都较普通地表更为强烈。信号较环境噪音的动态范围经过后续处理后会有一定程度的提高。

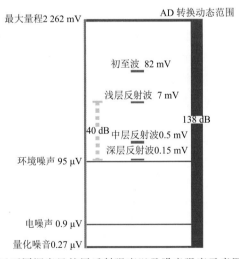

图 1-13　东营 HJ 地区不同深度目的层反射强度以及噪音强度示意图(单个 20 dx 检波器)

所以,对于陆上石油勘探而言,有效信号较噪音具有 2 个特点。① 频率低。油气藏单元埋藏一般较深,多在数百米至数千米以下;反射波双程反射时多在 1 s 以上,由于吸收、衰减等因素的影响,高频衰减严重,最高频率多在 150～200 Hz 以下;在低降速带较厚的地区,反射波频率更低。② 信噪比低。基于同样的原因，反射波振幅在传播过程中大幅衰减，环境噪音以及次生噪音的强度变得相对较高。在山地、沙漠等复杂地表地区，有效反射信号较环境噪音的动态范围多小于 40 dB。[5,6]

　　B. K. Davis 曾经说过："接收系统设计中所采用的主要参数均来自对噪音的研究。"而噪音是由信号来定义的。所以，无论是接收设备的硬件性能指标参数设计，还是震源激发、观测系统设计、地面检波参数的选择，均基于对地震勘探中信号与噪音特性的认识。对信号的追求，特别是对弱信号的追求，以及对于噪音的压制，贯穿了地震勘探的每一个环节，是很多技术、施工手段的出发点与最终目的。可以说，对于噪音的认识，在很大程度上决定了勘探的成败。

第二章 检波器-大地耦合系统

地震波接收是利用地震检波器尾锥与大地地表介质之间的耦合来实现的。当反射波上行到达地表时,大地介质振动的机械能首先传递给与地表耦合的检波器尾锥,然后由检波器芯体转换成电能,形成地震仪可以记录的电信号。

耦合在物理学上指两个或两个以上的体系或两种运动形式之间通过各种相互作用而彼此影响以至联合起来的现象。在勘探地震学中,检波器与地表介质的耦合是指检波器与大地组成的振动系统对大地质点实际振动的响应程度。在 R. E. Sheriff 所著的《勘探地球物理百科辞典》(第三版)中,有关"耦合(Coupling)"一词的解释为:"耦合是指两个系统之间的相互作用。检波器和大地的耦合是影响能量转换的因素,取决于两者之间接触的牢固程度,以及检波器的重量和接触面积,因为这一耦合系统中存在着自然谐振并有滤波效应。"

第一节 研究历史回顾

半个多世纪以来,人们已经注意到检波器和大地的耦合关系对地震勘探产生的影响。检波器与大地耦合不好会使记录的地震信号发生畸变。文献表明,耦合现象的国内外研究主要包括理论研究与试验验证两个方面。[7-19]前者关注室内的理论分析、模拟;后者偏重于野外不同耦合参数的试验结果比较,特别是不同外形、不同材质、不同尺寸以及不同重量检波器的数据表现方面。

一、国际概况

Washburn 和 Wiley(1941)指出,检波器被埋置后与大地构成一个谐振系统,可对地震记录信息的幅度和相位造成严重干扰;检波器的大小尺寸和质量对耦合影响很大。此外,土壤类型、湿度也是必须考虑的因素。

Christine E. Krohn(1984)的研究表明,通过一个谐振系统可以充分模拟耦合现象。她发现:对于小于耦合谐振频率的地震信号,其振幅和相位不受影响;对于较高频率的地震信号,其振幅和相位都受很大影响。同时,耦合谐振对大地介质密度等物性很敏感。在松软和未固结的土壤中,耦合谐振频率会降低到地震信号频带以内,导致地震信号畸变,改变信号中高频成分的幅度和相位。这一现象在沼泽地区的高分辨率勘探和浅层反射勘探中表现得尤为明显。所以当检波器埋置在表土中时,除了表土对地震波有较大的吸收作用外,即使做到"平、稳、正、直、紧"等埋置要求,也会因土质松散、固结程度差以及草与庄稼的根系的影响而难以实现检波器与大地的良好耦合。

T. H. Tan(1987)指出,检波器耦合问题是所测得的检波器速度和没有安插检波器时地表速度之间的差异。他从理论上说明,尾锥密度和土壤密度匹配时可得到最好的耦合。但试验表明,土壤本身物性的变化是主要影响因素,而耦合性能不是由土壤和尾锥之间的特性差异所确定。

Johan Vos 等(1995)把检波器耦合现象分为两个不同的问题,即交互作用耦合和接触耦合。交互作用耦合定义为埋置好的检波器运动速度 v_{geopc} 和地表运动速度 v_{gro} 的比,即

$$C_I = \frac{v_{\text{geopc}}}{v_{\text{gro}}} \tag{2-1}$$

接触耦合定义为实际检波器的运动速度 v_{geo} 和埋置好的检波器运动速度 v_{geopc} 的比,即

$$C_c = \frac{v_{\text{geo}}}{v_{\text{geopc}}} \tag{2-2}$$

其总耦合为

$$C = \frac{v_{\text{geo}}}{v_{\text{gro}}} = C_c \cdot C_I \tag{2-3}$$

Frederik Rademakers 等(1996)进一步研究了耦合的频率特性。在频率域中,交互作用耦合系数可定义为埋置好的检波器运动速度 $\widetilde{v}_{\text{geopc}}(\omega)$ 和地表运动速度 $\widetilde{v}_{\text{gro}}(\omega)$ 的傅里叶变换之比,即

$$\widetilde{C}_I(\omega) = \frac{\widetilde{v}_{\text{geopc}}(\omega)}{\widetilde{v}_{\text{geo}}(\omega)} \tag{2-4}$$

接触耦合系数定义为实际检波器的运动速度 $\widetilde{v}_{\text{geo}}(\omega)$ 和埋置好的检波器运动速度 $\widetilde{v}_{\text{geopc}}(\omega)$ 之比,即

$$\widetilde{C}_c(\omega) = \frac{\widetilde{v}_{\text{geo}}(\omega)}{\widetilde{v}_{\text{geopc}}(\omega)} \tag{2-5}$$

总耦合为

$$\widetilde{C}(\omega) = \widetilde{C}_I(\omega) \cdot \widetilde{C}_c(\omega) \tag{2-6}$$

笔者认为,耦合系数的定义从频域较时域更为合理,因为耦合响应在频域的表现更为规律,反映了问题的本质。

考虑到检波器的质量和埋置方式直接关系到检波器与大地的耦合情况,从而影响地震数据采集质量,V. Singh 等人于 1997 年做了一个井场试验。他们把耦合情况分为三种:地表插入(尾锥松松地插入地表土层)、复插入(尾锥垂直坠入松洞)、良好插入(尾锥紧紧地插入地下 1 m 坑深)。试验结果发现,地表插入和复插入这两种检波器埋置方式,使检波器与大地之间的连接产生了耦合谐振,改变了所接收数据的相位与振幅;在良好插入的情况下,反射信号分辨率高,无噪声干扰。

D. W. Steeples 等(1999)和 C. Gschmeissner 等(2000)研究发现,把检波器置于地面上

的木板或铁框上,对耦合效果有一定的影响。

1994～2000 年,Kees Faber 和 Peter W. Maxwell 等对检波器耦合问题也进行了重要的实验测试。他们使用地下埋置的地学声波发生器研究耦合现象,得出了以下结论。① 可以在野外直接测量耦合谐振。② 检波器-地表耦合严重影响地震数据采集质量。③ 耦合谐振频率非常容易落入目标频段。④ 良好的埋置可以避免耦合谐振频率落入目标频段。

笔者认为,Kees Faber 等的工作具有非常重要的开创性意义,它使得在野外实际测量检波器-大地耦合响应成为可能,为今后的工业化应用奠定了基础。

Guy G. Drijkoningen 等(2006)介绍了另外一种针对带尾锥检波器的、与野外实践更相符的检波器-大地耦合弹性模型。他们的模型更好地表征了基于尾锥与大地之间剪切力的耦合模式,而以往的模型更适于代表将检波器直接置于地表的重力耦合模型。在他们的模型里边,检波器被视为仅包含尾锥部分,而尾锥被认为是刚性的并且与土壤接触良好(防滑模型)。新的模型可以预测检波器-大地耦合响应对尾锥——这一在勘探与检测中常用设备——的影响。质量负载与土壤埋置均对耦合响应具有决定作用;同时,耦合响应的主频反比与尾锥的直径和尾锥的长度。该模型可以预测埋置于土壤中一定深度检波器的行为。

综上所述,国际上对于耦合问题的研究已获得的基本结论如下。① 检波器耦合现象可以分为交互作用耦合和接触耦合。② 良好的检波器耦合由沿检波器尾锥的切向力决定;较差的检波器耦合特性由其重力耦合确定。③ 土壤本身性质的变化是主要影响因素。④ 垂直检波器的耦合谐振频率取决于土壤的坚硬程度,含水以及粉状地表具有低的耦合谐振频率。⑤ 将检波器插入坑中并填土埋实,可得到较好的耦合效果。

二、国内概况

国内对检波器与大地的耦合问题也做了大量研究工作,但是缺乏系统深入的理论分析,对野外实际的指导作用也较少,解决检波器耦合问题的方法基本上停留在如何对检波器进行埋置方面。

李庆忠院士曾经指出,高频微震的主要根源是检波器与地面耦合问题。深埋检波器作为一种针对性的应对措施,已经成为当前普遍采取的施工方法。一般认为,检波器埋得深一些的好处如下。① 远离地表风吹草动的干扰源,干扰强度减小。② 避开地表低速带严重的吸收衰减,增强高频反射信号。但是,施工中一个不容忽视的现象是,如果将检波器插到挖坑后的浮土上、然后埋起来,就会产生甚至比地面更为严重的微震。[20]

边环玲等(2001)的研究表明,必须将检波器与大地的耦合谐振频率提高到有效频带之外,以使其不对地震信号产生负面影响。[21]

国内相关研究得到的主要结论包括 5 个方面。① 耦合频率与地表介质的物性关系密切,小颗粒比例越大,谐振频率越高。② 同一介质耦合谐振频率与含水量有关。在一定范围内,含水量越大,谐振频率越高;但在含水量饱和时,如沼泽地,谐振频率反而会降低。③ 尾锥形状、材料、数量对耦合谐振频率影响不大。④ 检波器越轻,耦合频率越高。但现代检波器已经很轻,改进的余地不大;带尾板的检波器与带尾锥的检波器相比并无优势。⑤ 随着检波器埋深的增加,耦合频率也有所增加。

综上所述可知,对于检波器与大地的耦合,研究人员已经从地表介质的硬度、类型、湿度入手,考察了检波器与大地耦合的性质,分析了不同的检波器埋置条件对耦合效果的影响,但是还没有建立起一套完整的、解决这一问题的技术和方法;同时,有些研究结果之间相互矛盾。比如:Chrisine E. Krohn(1984)曾提出,土壤类型对耦合的影响甚微;Johan Vos(1995)指出,土壤的声速与检波器的声速差别对耦合影响很大。这些矛盾见解的存在也说明对耦合问题的机理还没有研究透彻,有关耦合问题的简化存在一些不合理之处,一些与耦合性能关系密切的参数没有被考虑近来。更重要的是,很多文献没有将理论分析与实践现象的关系厘清。没有走入"应用阶段",缺乏具有普遍性、规律性的认识以及具有逻辑一致性的理论解释。

具体来讲,检波器-大地耦合研究方面主要存在以下几个方面的问题。① 概念不统一。② 机制研究不深入。③ 针对性试验的数量少,不系统,试验因素不单一,说服力不强。④ 多数停留在野外施工中强化埋置效果的层面,虽然就耦合现象提出了一些问题,但没有给出系统的解决方案。⑤ 理论解释工具的选择——波动力学还是振动力学。

第二节　检波器-大地耦合系统的振动力学原理

波动力学与振动力学从经典力学理论的角度无疑是统一的,都是研究检波器-大地耦合现象的基本理论工具。有一部分基于互易理论的、对耦合现象的数理分析[22,23],是建立在波动力学基础上的。波动力学考虑波的传播过程,可以把波传播过程中各种现象展现出来,体现波的传播弹性,即时间和空间距离的关系。另外,部分文献则更倾向于从振动力学的角度来认识、解释检波器-大地耦合现象[9,10,24]。"振动力学"反映的是结构体的整体振动,体现了能量在结构体内部的转换。对某个特定的动力响应过程而言,选择振动力学还是波动力学去认识问题,要视实际问题的具体需要而定。这既取决于扰动源(激励)的性质,又取决于目标物体的相对尺寸,同时还与研究者的关注点等因素有关。[25]

笔者认为,检波器的尺寸(厘米级)较地震波的波长(十米级)而言非常小,并且在耦合响应中起主要作用的是其振动特性,而非传播特性。所以,从振动力学的角度去认识耦合问题,更合理与实际,有利于厘清耦合现象的本质,也更容易理解检波器-大地耦合对地震数据的作用。

一、单自由度系统的振动力学模型

机械运动是一种特殊形式的运动。对于任意给定的机械系统,在其运动过程中,将在其平衡位置附近做往复的运动。检波器-大地耦合系统就是一种典型的机械运动。

研究一个实际工程结构的振动问题时,总是要对这个结构进行简化,抽象出其主要的力学本质,建立一个以若干广义坐标来描述的力学模型,称为振动系统。广义坐标的个数称为这个振动系统的自由度。单自由度系统是指只用一个广义坐标就足以描述其运动状态的振动系统,例如,一个无质量的弹簧支持着一个无弹性的质量系统。对单自由度系统的振动分析,可以揭示出振动的许多本质现象,是研究多自由度结构系统振动的基础。

(1)对于一个质量 m,弹簧常数为 k,阻尼系数为 c 的单自由度振动系统,在随时间变化的外力 $f(t)$ 作用下,质量块在平衡位置附近发生振动,并在 t 时刻,质量块偏离平衡位置的

位移为 $x(t)$，则单自由度系统振动时的力平衡方程可写为

$$m\ddot{x}(t) + c\dot{x}(t) + kx(t) = f(t) \tag{2-7}$$

或简写为

$$m\ddot{x} + c\dot{x} + kx = f \tag{2-8}$$

式中，$m\ddot{x}$——作用在质量块上的惯性力；

kx——弹性恢复力；

$c\dot{x}$——与速度成正比的黏滞阻尼力。

式(2-8)可以改写成

$$\ddot{x} + 2\xi\omega_0\dot{x} + \omega_0^2 x = \frac{f}{m} \tag{2-9}$$

其中，系统的固有圆频率为

$$\omega_0 = \sqrt{\frac{k}{m}} \tag{2-10}$$

系统的临界阻尼比为

$$\xi = \frac{c}{2m\omega_0} \tag{2-11}$$

（2）对于一个只有地面加速度运动为 $a_g(t)$ 作用的单自由度振动系统的力平衡方程可写为

$$m[\ddot{x}(t) + a_g(t)] + c\dot{x}(t) + kx(t) = 0 \tag{2-12}$$

或简写成

$$m(\ddot{x} + a_g) + c\dot{x} + kx = 0 \tag{2-13}$$

式中，$m(\ddot{x} + a_g)$ 为作用在质量块上的惯性力，它与质量块的绝对加速度成正比，弹性恢复力和阻尼力依然只分别与相对位移和相对速度有关。

移项后，式(2-13)变为

$$m\ddot{x} + c\dot{x} + kx = -ma \tag{2-14}$$

还可写成

$$\ddot{x} + 2\xi\omega_0\dot{x} + \omega_0^2 x = -a_g \tag{2-15}$$

式(2-14)中，m 为常数，若仅考虑弹簧的弹性变形，k 也为常数，若认为在一定范围内 c 也为常数，则运动方程属于常系数非齐次线性微分方程。以上两种振动状态都属于承受外界激励下的强迫振动状态。

若在 $t = 0$ 时刻后，质量块不再受到外力和地面运动的作用，系统处于自由振动的状态。由于阻尼力的作用，自由振动的振幅将逐渐衰减，最后停止振动。这样，单自由度系统的自由振动的运动方程变为

$$\ddot{x} + 2\xi\omega_0\dot{x} + \omega_0^2 x = 0 \tag{2-16}$$

为解上述方程，采用拉普拉斯(Laplace)变换方法，令 $x = Xe^{st}$，代入方程后得

$$(s^2 + 2\xi\omega_0 s + \omega_0^2)Xe^{st} = 0 \tag{2-17}$$

即

$$s^2 + 2\xi\omega_0 s + \omega_0^2 = 0 \tag{2-18}$$

式(2-18)称为该振动系统的特征方程,该方程的根为

$$s_{1,2} = -\xi\omega_0 \pm \omega_0 \sqrt{\xi^2 - 1} \tag{2-19}$$

对于一般工程结构,ξ远小于1,该方程的根可改写为

$$s_{1,2} = -\xi\omega_0 \pm j\omega_0 \sqrt{1 - \xi^2} \quad (j = \sqrt{-1}) \tag{2-20}$$

于是自由振动方程的解为

$$x = e^{-\xi\omega_0 t}(X_1 e^{j\omega_0 \sqrt{1-\xi^2} t} + X_2 e^{-j\omega_0 \sqrt{1-\xi^2} t}) \tag{2-21}$$

利用欧拉公式可将上式化成

$$x = X e^{-\xi\omega_0 t} \sin(\omega_0 \sqrt{1 - \xi^2} t + \varphi) = X e^{-\xi\omega_0 t} \sin(\omega_d t + \varphi) \tag{2-22}$$

其中

$$\omega_d = \omega_0 \sqrt{1 - \xi^2} \tag{2-23}$$

自由振动方程的解式中的积分常数,由初始条件来确定。若在$t = 0$时刻,$x|_{t=0} = x_0$,$\dot{x}|_{t=0} = \dot{x}_0$,自由振动方程的通解为

$$x = X e^{-\xi\omega_0 t}\left(x_0 \cos \omega_d t + \frac{\dot{x}_0 + \xi\omega_0 x_0}{\omega_d} \sin \omega_d t\right) \tag{2-24}$$

二、单位脉冲响应函数与杜哈梅尔积分

在单位脉冲激励下的振动响应,称为单位脉冲响应函数。由于理想的单位脉冲载荷的激励频率范围是无限的,作为单位脉冲激励下的响应,单位脉冲响应函数包含了振动系统的全部动力特征参数。运用杜哈梅尔(Duhamel)积分可以求出系统对于一般非周期动载荷激励下的振动响应。

（一）单位脉冲响应函数

单位脉冲函数定义为

$$\delta(t) = \begin{cases} 0 & t \neq 0 \\ \infty & t = 0 \end{cases} \tag{2-25}$$

并有

$$\int_{-\infty}^{\infty} \delta(t)\mathrm{d}t = 1 \tag{2-26}$$

具有以上形式的函数称为δ函数,也称为单位脉冲函数。该函数具有许多非常重要的性质,在许多领域的数值分析中都起到相当大的作用。任何一函数$x(t)$与$\delta(t)$相乘的积分值等于此函数在零点的函数值$x(0)$,即

$$\int_{-\infty}^{\infty} cx(t)\delta(t)\mathrm{d}t = c\int_{-\infty}^{\infty} x(t)\delta(t)\mathrm{d}t = c \tag{2-27}$$

式中,c——常数。

（1）任一函数$x(t)$与具有时移的单位脉冲函数$\delta(t - t_0)$乘积的积分值是在该时移点上此函数的函数值$x(t_0)$,即

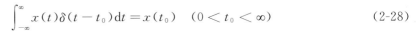

$$\int_{-\infty}^{\infty} x(t)\delta(t-t_0)\mathrm{d}t = x(t_0) \quad (0 < t_0 < \infty) \tag{2-28}$$

（2）任一函数 $x(t)$ 与 $\delta(t)$ 的卷积仍是此函数本身，即

$$x(t) * \delta(t) = x(t) \tag{2-29}$$

（3）单位脉冲函数的傅里叶变换等于1，即

$$\int_{-\infty}^{\infty} \delta(t)\mathrm{e}^{-j\omega_0 t}\mathrm{d}t = 1 \tag{2-30}$$

这一特征表明，单位脉冲激振力的傅里叶变换与白噪声的傅里叶变换是相同的。这说明单位脉冲激振力是一种宽频带的激振力。

单位脉冲力作用于单自由度系统时，其振动微分方程为

$$m\ddot{x} + c\dot{x} + kx = \delta(t) \tag{2-31}$$

对式（2-31）积分并取极限得

$$\lim_{\varepsilon \to 0}\int_{-\frac{\varepsilon}{2}}^{\frac{\varepsilon}{2}}(m\ddot{x} + c\dot{x} + kx)\mathrm{d}t = \lim_{\varepsilon \to 0}\int_{-\frac{\varepsilon}{2}}^{\frac{\varepsilon}{2}}\delta(t)\mathrm{d}t \tag{2-32}$$

可解得

$$\dot{x}(0) = \frac{1}{m} \tag{2-33}$$

这说明单位脉冲激励使系统获得初始速度 $\dot{x}(0) = 1/m$。因为这一脉冲作用的时间很短，此后系统即作自由振动，并由下式：

$$x(t) = X\mathrm{e}^{-\xi\omega_0 t}\sin(\omega_\mathrm{d}t + \varphi) \tag{2-34}$$

以及初始条件 $t=0$ 时，$x(0)=0$，$\dot{x}(0)=1/m$，可确定 X 和 φ，最后将得到

$$x(t) = \frac{1}{m\omega_\mathrm{d}}\mathrm{e}^{-\xi\omega_0 t}\sin(\omega_\mathrm{d}t) \tag{2-35}$$

其中，无阻尼固有频率为

$$\omega_0 = \sqrt{\frac{k}{m}} = 2\pi f_0 \tag{2-36}$$

阻尼比为

$$\xi = \frac{c}{2m\omega_0} \tag{2-37}$$

有阻尼固有频率为

$$\omega_\mathrm{d} = \omega_0\sqrt{1-\xi^2} \tag{2-38}$$

在式（2-35）中，$x(t)$ 的表达式通常称为单位脉冲响应位移函数，一般用 $h(t)$ 来表示，代入式（2-35）为

$$h(t) = \frac{1}{m\omega_\mathrm{d}}\mathrm{e}^{-\xi\omega_0 t}\sin(\omega_\mathrm{d}t) \tag{2-39}$$

同理，单自由度系统在单位脉冲荷载作用下的速度和加速度反应分别为

$$\dot{h}(t) = -\frac{1}{m}\mathrm{e}^{-\xi\omega_0 t}\left[\cos\omega_\mathrm{d}t - \frac{\xi}{\sqrt{1-\xi^2}}\sin\omega_\mathrm{d}t\right] \tag{2-40}$$

$$\ddot{h}(t) = \frac{\omega_\mathrm{d}}{m}\mathrm{e}^{-\xi\omega_0 t}\left[\frac{1-2\xi^2}{1-\xi^2}\sin\omega_\mathrm{d}t + \frac{2\xi}{\sqrt{1-\xi^2}}\cos\omega_\mathrm{d}t\right] \tag{2-41}$$

（二）单位脉冲响应函数的傅里叶变换

单位脉冲位移响应函数 $h(t)$ 的傅里叶变换被称为频率响应函数，用 $H(\omega)$ 来表示，即

$$H(\omega) = \frac{1}{m} \frac{1}{\omega_0^2 - \omega^2 + j2\omega_0\xi\omega} \tag{2-42}$$

$H(\omega)$ 直接反映系统固有的动力特征，即系统的固有频率、阻尼比等。也可以通过对频域响应函数 $H(\omega)$ 进行傅里叶逆变换，求出单位脉冲位移响应函数 $h(t)$。

（三）杜哈梅尔积分

系统在脉冲函数作用下，其响应可表示为脉冲响应函数 $h(t)$。若系统受到连续力函数 $f(t)$ 的作用，其响应可用杜哈梅尔积分来求得。杜哈梅尔积分的基本原理是将力函数 $f(t)$ 用一系列时间间隔为 $\Delta\tau$ 矩形脉冲函数来近似代替 $f(t)$ 的作用，其响应可由这一系列脉冲响应的叠加得到

$$x(t) = \sum_{i=1}^{t/\Delta\tau} f(i\Delta\tau)h(t - i\Delta\tau)\Delta\tau \tag{2-43}$$

当 $\Delta\tau$ 足够小，$\Delta\tau \to d\tau$，则上式的叠加可用积分形式代替，即

$$x(t) = \int_0^t h(t - \tau)f(\tau)d\tau \tag{2-44}$$

三、单自由度系统的传递函数和频响分析

一个线性非时变单自由度系统振动时的运动方程可写为

$$m\ddot{x}(t) + c\dot{x}(t) + kx(t) = f(t) \tag{2-45}$$

式(2-45)还可写成

$$\ddot{x}(t) + 2\xi\omega_0\dot{x}(t) + \omega_0^2 x(t) = \frac{f(t)}{m} \tag{2-46}$$

对以上方程两边进行拉普拉斯变换，得

$$(s^2 + 2\xi\omega_0 s + \omega_0^2)X(s) = \frac{F(s)}{m} \tag{2-47}$$

其中，位移 $x(t)$ 和 $f(t)$ 的拉普拉斯变换分别为

$$X(s) = \int_0^\infty e^{-st}x(t)dt \tag{2-48}$$

$$F(s) = \int_0^\infty e^{-st}f(t)dt \tag{2-49}$$

式(2-47)可改写成以下形式：

$$X(s) = F(s)H_d(s) \tag{2-50}$$

其中

$$H_d(s) = \frac{1}{m(s^2 + 2\xi\omega_0 s + \omega_0^2)} \tag{2-51}$$

式(2-51)称为单自由度系统的位移传递函数，该函数描述了在复数 s 域内单自由度系

统的位移响应与激振力之间的映射关系。由拉普拉斯变换性质可得，单自由度系统初态为静止时，其速度和加速度传递函数分别为

$$H_v(s) = sH_d(s) = \frac{s}{m(s^2 + 2\xi\omega_0 s + \omega_0^2)} \tag{2-52}$$

$$H_a(s) = s^2 H_d(s) = \frac{s^2}{m(s^2 + 2\xi\omega_0 s + \omega_0^2)} \tag{2-53}$$

若对式(2-46)两边进行傅里叶变换，可得

$$(\omega_0^2 - \omega^2 + 2j\omega_0\xi\omega)X(\omega) = \frac{F(\omega)}{m} \tag{2-54}$$

其中，位移 $x(t)$ 和力 $f(t)$ 的傅里叶变换分别为

$$X(\omega) = \int_{-\infty}^{\infty} x(t)\mathrm{e}^{-j\omega t}\,\mathrm{d}t \tag{2-55}$$

$$F(\omega) = \int_{-\infty}^{\infty} f(t)\mathrm{e}^{-j\omega t}\,\mathrm{d}t \tag{2-56}$$

式中，j——单位虚数，即 $\sqrt{-1}$。

式(2-54)可改写为

$$X(\omega) = F(\omega)H_d(\omega) \tag{2-57}$$

其中

$$H_d(\omega) = \frac{1}{m(\omega_0^2 - \omega^2 + 2j\omega_0\xi\omega)} \tag{2-58}$$

式(2-58)称为单自由度系统的位移频响函数，该函数描述了在频域 ω 内单自由度系统的位移响应与激振力之间的映射关系。由于傅里叶变换是拉普拉斯变换在 $s = j\omega$ 的特例，单自由度系统初态为静止时，其速度和加速度频响函数可分别表示为

$$H_v(\omega) = j\omega H_d(\omega) = \frac{j\omega}{m(\omega_0^2 - \omega^2 + 2j\omega_0\xi\omega)} \tag{2-59}$$

$$H_a(\omega) = -\omega^2 H_d(\omega) = \frac{-\omega^2}{m(\omega_0^2 - \omega^2 + 2j\omega_0\xi\omega)} \tag{2-60}$$

由于频响函数是复函数，可表达为幅值和相位的形式。以位移频响函数 $H_d(\omega)$ 为例，式(2-58)可写为

$$H_d(\omega) = |H_d(\omega)|\,\mathrm{e}^{j\varphi(\omega)} \tag{2-61}$$

其中，幅值和相位的表达式分别为

$$|H_d(\omega)| = \frac{1}{m\sqrt{(\omega_0^2 - \omega^2)^2 + (2\xi\omega_0\omega)^2}} \tag{2-62}$$

$$\varphi(\omega) = \arctan\frac{-2\xi\omega_0\omega}{\omega_0^2 - \omega^2} \tag{2-63}$$

式(2-62)和式(2-63)所表达的单自由度系统位移频响函数的幅频特性和相频特性曲线如图 2-1 所示。

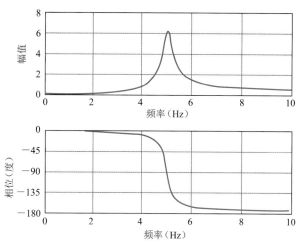

图 2-1 单自由度系统位移频响函数的幅频与相频曲线

为求幅频曲线峰值所对应的圆频率 ω_0'，可通过求极值的方法来实现，令

$$\frac{\mathrm{d}|H(\omega)|}{\mathrm{d}\omega}=0 \tag{2-64}$$

得

$$-(\omega_0^2-\omega^2)+2\xi^2\omega_0^2=0 \tag{2-65}$$

由式（2-65）解得

$$\omega_0'=\omega=\omega_0\sqrt{1-2\xi^2} \tag{2-66}$$

由于一般工程结构的阻尼比都比较小（$\xi\ll0.1$），则可认为

$$\omega_0'\approx\omega_0 \tag{2-67}$$

由此可见，幅频特性曲线峰值对应的频率可以确定为系统的固有圆频率。从图 2-1 的相频特性曲线中，结合相位的表达式（2-63）可以看出，在 $\omega=\omega_0$ 处，$\varphi(\omega_0)=-90°$。可见，相频特性曲线在 $-90°$ 处对应的频率也可确定为系统的固有圆频率。

为确定系统的阻尼比，可通过半功率点处所对应的频率来求出。在半功率点处，频响函数的幅值可表示为

$$\frac{1}{m\sqrt{(\omega_0^2-\omega^2)^2+(2\xi\omega_0\omega)^2}}=\frac{1}{\sqrt{2}}|H_\mathrm{d}(\omega)|_{\max}=\frac{1}{\sqrt{2}}\frac{1}{2m\xi\omega_0^2\sqrt{1-\xi^2}} \tag{2-68}$$

解方程式（2-68），可得到两个近似解：

$$\omega_\mathrm{a}\approx\omega_0\sqrt{1-2\xi}\approx\omega_0(1-\xi)$$
$$\omega_\mathrm{b}\approx\omega_0\sqrt{1+2\xi}\approx\omega_0(1+\xi) \tag{2-69}$$

则

$$\xi=\frac{\omega_\mathrm{b}-\omega_\mathrm{a}}{2\omega_0} \tag{2-70}$$

可以证明，a，b 两频率点在相频特性曲线所对应的相位分别为

$$\varphi(\omega_\mathrm{a})=-45°$$
$$\varphi(\omega_\mathrm{b})=-135° \tag{2-71}$$

于是，可由幅频特性曲线在半功率点处以及相频特性曲线在 $-45°$ 和 $-135°$ 处所对应的频率

ω_a 和 ω_b，按式(2-70)确定系统的阻尼比 ξ。

同样，以位移频响函数 $H_d(\omega)$ 为例，式(2-58)可表达成实部和虚部的形式，即

$$H_d(\omega) = R_d(\omega) + jI_d(\omega) \tag{2-72}$$

其中，实部和虚部表达式分别为

$$R_d(\omega) = \frac{\omega_0^2 - \omega^2}{m\left[(\omega_0^2 - \omega^2)^2 + (2\xi\omega_0\omega)^2\right]} \tag{2-73}$$

$$I_d(\omega) = \frac{-2\xi\omega_0\omega}{m\left[(\omega_0^2 - \omega^2)^2 + (2\xi\omega_0\omega)^2\right]} \tag{2-74}$$

式(2-73)和(2-74)所表达的单自由度系统位移频响函数的实频特性与虚频特性曲线如图 2-2 所示。从图 2-2 中可以看出，实频曲线与频率轴的交点处即零值和虚频特性曲线的峰值所对应的频率均为系统固有圆频率 ω_0。同样可以证明，实频曲线的正负峰值对应的频率和虚频特性曲线峰值的 1/2 处对应的频率，为半功率点频率 ω_a 和 ω_b。由此可按式(2-70)确定系统的阻尼比 ξ。

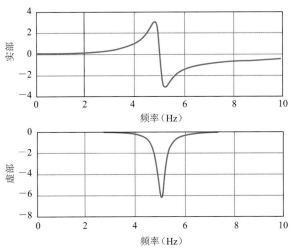

图 2-2　单自由度系统位移频响函数的实频与虚频曲线

对于单自由度系统的频响分析，也可以直接应用于模态耦合不大的多自由度系统。但是，对于多自由度系统来说，由于实频特性曲线与频率轴的交点以及相频特性曲线与 $-90°$ 交接处在邻近模态的影响，容易产生水平移动。因此，用幅值的峰值或虚部的峰值所对应的频率作为系统的固有频率较为可靠[26]。

在实际结构中，大多数结构均呈现多自由度的特征，但基本原理与单自由度振动系统是相同的。限于篇幅，在此不多加介绍，可参看振动理论方面的有关书籍。

四、振动的隔离和传递

机器在转动时，一般要产生不平衡力。倘若机器直接装在坚实的地面上，这种不平衡力将全部传到地面，结果可能使周围的仪器设备以至房屋结构都发生振动。为了减小这种不平衡力的传递，通常在机器底部加装弹簧、皮、木、毛毡等垫料，相当于机器与基础之间有弹簧和阻尼隔开，简化如图 2-3 所示。在另外一些情况下，由于基础的振动而形成对置于基础

上的设备的激振,这对于精密仪器的保管和机械的深加工来说,都是要极力减小的。同样,中间也要加些防振材料,相当于其间有弹簧和阻尼器,如图 2-4 所示。前者称为振动向基础的传递,后者称为运动支承所引起的振动。

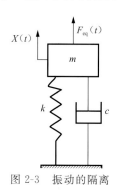

图 2-3 振动的隔离

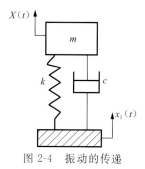

图 2-4 振动的传递

（一）振动向基础的传递

对于如图 2-3 所示的系统,运动微分方程式为

$$m\ddot{x} + c\dot{x} + kx = F_{eq}(t) \tag{2-75}$$

设作用于 m 的激振力 $F_{eq}(t)$ 为和谐的,即

$$F_{eq}(t) = \bar{F}_{eq} e^{i\omega t} \tag{2-76}$$

运动微方程变为

$$m\ddot{x} + c\dot{x} + kx = \bar{F}_{eq} e^{i\omega t} \tag{2-77}$$

其响应也是谐和的,设为

$$x = \bar{X} e^{i\omega t} \tag{2-78}$$

代入原方程得

$$\bar{X} = \frac{F_{eq}}{k - m\omega^2 + i\omega c} \tag{2-79}$$

面对基础的传递力应为弹簧和阻尼器两者传递力的和,即

$$kx + c\dot{x} \tag{2-80}$$

则

$$\bar{F}_T = k\bar{X} + i\omega c\bar{X} = \frac{k + i\omega c}{k - m\omega^2 + i\omega c} F_{eq} \tag{2-81}$$

传递力的幅值与激振力的幅值之比称之为传递率,以 TR 表示,即

$$TR = \left| \frac{\bar{F}_T}{F_{eq}} \right| = \frac{\sqrt{k^2 + (i\omega c)^2}}{(k^2 - m\omega^2)^2 + (\omega c)^2} = \frac{\sqrt{1 + (2r\xi)^2}}{(1 - r^2)^2 + (2r\xi)^2} \tag{2-82}$$

式中, $r = \omega/\omega_n, \frac{\omega c}{k} = 2r\xi$。当 $r = 0$ 时, $TR = 1$,即 $F_T = F_{eq}$ 激振力全部向基础传递;当 $r = \sqrt{2}$ 时, $TR = 1$。我们以 r、ξ 为参变量作 TR 的曲线,如图 2-5 所示。

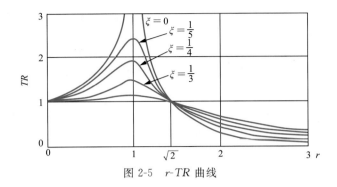

图 2-5　r-TR 曲线

在图 2-5 中我们可以看到，所有曲线都相交于 $r=\sqrt{2}$。因此，在 $r<\sqrt{2}$ 时，传递力大于激振力，达不到隔振目的；只有 $r>\sqrt{2}$ 时，传递力才小于激振力，才能实现振动隔离的目的。所以对于旋转机械，在 $r=\dfrac{\omega}{\omega_n}>\sqrt{2}$，即 $\omega>\sqrt{2}\,\omega_n$ 的频率域内，工作是较为优越的；但在 $\omega>\sqrt{2}\,\omega_n$ 的频率域内，当 ξ 增大时，传递力反而增大，因此往往采取无阻尼隔振。对于变速运动的机器，由于不平衡量 me 引起的激振力 F_{eq} 为 $me\omega^2$，ω 是运行频率，我们定义一个 $F_n=me\omega_n^2$，将 $F_{eq}=me\omega^2$ 代入

$$F_T=\frac{\sqrt{k^2+(\omega c)^2}}{\sqrt{(k-m\omega^2)^2+(\omega c)^2}}me\omega^2 \tag{2-83}$$

以 $F_n=me\omega_n^2$ 两端相除，化简后得

$$\frac{F_T}{F_n}=\frac{\sqrt{k^2+(\omega c)^2}}{\sqrt{(k-m\omega^2)^2+(\omega c)^2}}\frac{me\omega^2}{me\omega_n^2}=r^2(TR) \tag{2-84}$$

我们以 r、ξ 为参变量作出力比 $\dfrac{F_T}{F_n}$ 的曲线，如图 2-6 所示。由此可以看出，尽管传递率低，但实际传递力的幅值还可能很高，且随着 ξ 的增加，传递力的幅值增加更快，这是变速运行机器的一个特点。

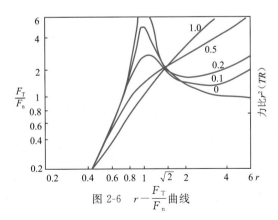

图 2-6　r-$\dfrac{F_T}{F_n}$ 曲线

在建筑物中传递力的减小是很有意义的，我们可作以下讨论。

$$传力的减小比=\frac{F_{eq}-F_T}{F_{eq}}=1-(TR) \tag{2-85}$$

式中，F_{eq}、F_T 分别为激振力和传递力的幅值，TR 为传递率，由前面讨论已知，在 $r > 1$、$\xi \approx 0$ 时，隔振效果是最好的。由

$$TR = \frac{\sqrt{1 + (2r\xi)^2}}{(1 - r^2)^2 + (2r\xi)^2}, TR = \frac{1}{r^2 - 1} \tag{2-86}$$

可得

$$\text{传递力的减小比} = 1 - (TR) = 1 - \frac{1}{r^2 - 1} = \frac{r^2 - 2}{r^2 - 1} \tag{2-87}$$

因为 $r^2 = (\omega/\omega_n)^2$，$\omega_n^2 = \dfrac{k}{m}$，弹簧的静变形 $\xi_{st} = mg/k$，所以

$$\text{传递力的减小比} = \frac{\omega^2 \xi_{st} - 2g}{\omega^2 \xi_{st} - g} \tag{2-88}$$

（二）运动支承所引起的振动

在如图 2-4 所示的系统中，假定质量 m 只能沿铅垂方面运动，支座可以上下运动且运动规律为 $x_1(t) = X_1 \sin \omega t$，取铅垂坐标轴 x 与 x_1 分别以物体与支座静止时的平衡位置为原点且取向上为正，在某瞬时 t，物体 m 有位移 x 和速度 $\dot{x}$，支座有位移 x_1 及速度 $\dot{x}_1$，则物体相对于支座的相对位移为 $(x - x_1)$，相对速度为 $(\dot{x} - \dot{x}_1)$，因此作用于 m 上的弹性力和阻尼力分别为 $k(x - x_1)$ 和 $c(\dot{x} - \dot{x}_1)$，则运动微分方程式为

$$m\ddot{x} + c(\dot{x} - \dot{x}_1) + k(x - x_1) = 0 \tag{2-89}$$

整理后得

$$m\ddot{x} + c\dot{x} + kx = c\dot{x}_1 + kx_1 \tag{2-90}$$

式中，$c\dot{x}_1 + kx_1$ 可称为作用于振动系统的等效激振力。

令

$$x_1 = \bar{X}_1 e^{i\omega t}, x = \bar{X} e^{i(\omega t - \varphi)} \tag{2-91}$$

代入式（2-90），得

$$[k - m\omega^2 + i\omega c]\bar{X} e^{i(\omega t - \varphi)} = (k + i\omega c)\bar{X}_1 e^{i\omega t} \tag{2-92}$$

$$(k - m\omega^2 + i\omega c)\bar{X} e^{-i\varphi} = (k + i\omega c)\bar{X}_1 \tag{2-93}$$

$$\frac{\bar{X}}{\bar{X}_1} e^{-i\varphi} = \frac{k + i\omega c}{k - m\omega^2 + i\omega c} \tag{2-94}$$

因为 $\bar{X}$、$\bar{X}_1$ 都是实数，$e^{-i\varphi} = \cos\varphi - i\sin\varphi$，且 $|e^{-i\varphi}| = 1$，则

$$\frac{\bar{X}}{\bar{X}_1} = \frac{|k + i\omega c|}{|k - m\omega^2 + i\omega c|} = \sqrt{\frac{k^2 + (\omega c)^2}{(k - m\omega^2)^2 + (\omega c)^2}} \tag{2-95}$$

$$TR = \frac{\bar{X}}{\bar{X}_1} = \sqrt{\frac{k^2 + (\omega c)^2}{(k - m\omega^2)^2 + (\omega c)^2}} = \frac{\sqrt{1 + (2r\xi)^2}}{(1 - r^2)^2 + (2r\xi)^2} \tag{2-96}$$

由

$$\frac{\bar{X}}{\bar{X}_1} e^{-i\varphi} = \frac{\bar{X}}{\bar{X}_1}(\cos\varphi - i\sin\varphi) = \frac{k + i\omega c}{k - m\omega^2 + i\omega c} \tag{2-97}$$

而

$$\frac{k+i\omega c}{k-m\omega^2+i\omega c}=\frac{(k+i\omega c)(k-m\omega^2-i\omega c)}{(k-m\omega^2)^2+(\omega c)^2}=\frac{k(k-m\omega^2)+(\omega c)^2-imc\omega^3}{(k-m\omega^2)^2+(\omega c)^2}$$

$$(2\text{-}98)$$

则有

$$\varphi=\arctan\frac{mc\omega^3}{k(k-m\omega^2)+(\omega c)^2}=\frac{2r^3\xi}{1-r^2+(2r\xi)^2} \qquad (2\text{-}99)$$

我们以频率比 r 为横坐标,以阻尼因子 ξ 为参变量绘出了振幅比(也即传递率) $\dfrac{\bar{X}}{\bar{X}_1}$ 与相角 φ 的曲线,如图 2-7 所示。

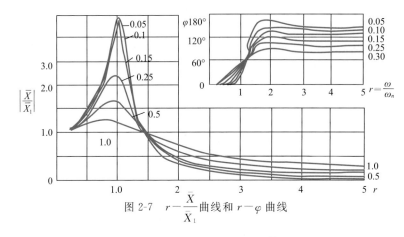

图 2-7　$r-\dfrac{\bar{X}}{\bar{X}_1}$ 曲线和 $r-\varphi$ 曲线

同样,从图 2-7 中所示可以看出,当 $r>\sqrt{2}$ 时,恒有 $\dfrac{\bar{X}}{\bar{X}_1}<1$,且阻尼越大,振幅 $\bar{X}$ 越大。

但无论 ξ 为何值时,当 $r=\sqrt{2}$ 时,$\dfrac{\bar{X}}{\bar{X}_1}=1$,都有 $\varphi=\arctan\dfrac{1}{2\xi}$。在 r 很大时,$\bar{X}$ 趋于 0 值,就是说支座的激振并不传到物体 m 上。

如果略去系统的阻尼,则有方程

$$m\ddot{x}+kx=kx_1 \qquad (2\text{-}100)$$

此时

$$\left|\frac{\bar{X}}{\bar{X}_1}\right|=\left|\frac{1}{1-r^2}\right|, \quad \varphi=\arctan 0, \quad \varphi=0° \text{ 或 } 180° \qquad (2\text{-}101)$$

可明显看出,只要振动系统的弹簧很软,系统的固有频率 ω_n 远小于激振频率,即 $r\gg1$;则无论支座怎样振动,质量 m 几乎可以在空间静止不动。假如设 $r=5$,则质量 m 的振幅仅为支座振幅的 $1/24$,也就是激振力只有 $1/24$ 传到 m 上。这就是飞机、汽车的坐垫加软弹簧和塑料泡沫等的道理,当然一些防振仪表与运动支承间更需加垫防振材料。

在工程实践中,我们往往会注意到振动系统相对于支座的相对运动,例如地震所引起的破坏主要是由于结构物等相对于地面的运动,我们从地震记录上可以测出地面(支承)的加速度 $\ddot{x}_1(t)$,由此可确定置于地面上的振动系统中的质量 m 相对于地面的运动。

令 u 代表质量 m 相对于地面的位移,即 $u = x - x_1$,其中 x 为 m 的绝对位移,x_1 为支座的绝对位移。

$$\dot{u} = \dot{x} - \dot{x}_1, \quad \ddot{u} = \ddot{x} - \ddot{x}_1 \tag{2-102}$$

运动微分方程变为

$$m\ddot{u} + c\dot{u} + ku = -m\ddot{x}_1 \tag{2-103}$$

令

$$\ddot{x}_1 = a\sin\omega t \tag{2-104}$$

$$m\ddot{u} + c\dot{u} + ku = -ma\sin\omega t \tag{2-105}$$

则

$$\ddot{x}_1 = a\,e^{i\omega t}, \quad u = \bar{u}\,e^{(\omega t - \varphi)} \tag{2-106}$$

代入方程式可得

$$\bar{u}e^{-i\varphi} = \frac{-ma}{k - m a^2 + i\omega c} \tag{2-107}$$

进而得

$$\bar{u} = \frac{a/\omega_n^2}{\sqrt{(1 - r^2)^2 + (2r\xi)^2}}, \quad \varphi = \arctan\frac{-2r\xi}{1 - r^2} \tag{2-108}$$

在阻尼不计的情况下,$\xi = 0$,有

$$m\ddot{u} + ku = -ma\sin\omega t \tag{2-109}$$

$$u = \frac{-a}{\omega_n^2 - \omega^2}\sin\omega t \tag{2-110}$$

$$\varphi = \arctan 0 \tag{2-111}$$

同样,我们可以得出位于支承上的振动系统中的物体相对于支承的运动与支承运动之间的关系,以及频率比之间的关系。[27]

第三节 检波器-大地耦合响应的规模测量与衰减

文献表明,检波器-大地耦合系统可以用单自由度振动系统进行数学描述。[9,10,24,28,29] 多年来,部分学者也在这方面进行了一些理论与试验研究。[11-13,14,16,18,19,21] 但是,从应用层面上来讲:① 没有将耦合响应测量用于商业实践,即野外大规模的、涉及每一个检波器的测量没有完成;② 没有将测量结果对实际地震数据的影响搞清楚并采用某种方法进行有效衰减甚至消除。笔者在一项专利技术(测耦检波器,专利号:ZL 2015 2 0258826.8)的支持下,完成了以上两项工作。

一、检波器-大地耦合系统的重要性——一个试验

2014 年初,笔者完成了一个关于检波器-大地耦合响应的野外试验。试验是这样的:使用单点检波器,每个排列 60 道,共计 3 个排列、180 道。3 个排列同一道检波器之间相距 10 cm(图 2-8)。因为通常目标反射波的波长都超过 10 m,所以在 20 cm(3 个检波器之间最

远距离)的尺度范围内,沿地面传播的无论噪声还是信号都可以被视为是等同的。3 个排列中,检波器埋置深度分别为 1/2 尾锥、全部尾锥、全部外壳,端点放炮。放炮后,将 3 个排列的记录(图 2-9 左)做振幅谱(图 2-9 中)以及信噪比分析(图 2-9 右)。由图 2-9 可见,在 3 个排列中,1 排列(1/2 尾锥)的频带最宽,但是信噪比最低;3 排列(全部外壳)的频带最窄,但是信噪比最高。就通常的期望而言,我们希望展宽频带、提高信噪比,以上 3 个排列的对比结果对于我们的选择标准而言是矛盾的。唯一可以确定的一点是,这种矛盾是由于耦合条件的差异造成的;因为试验中唯一不同的因素,就是耦合条件不同。以上看似"矛盾"的现象,可以从检波器-大地耦合系统的振动力学模型中得到解释。

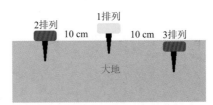

图 2-8　三个排列在一个桩号附近的分布示意图

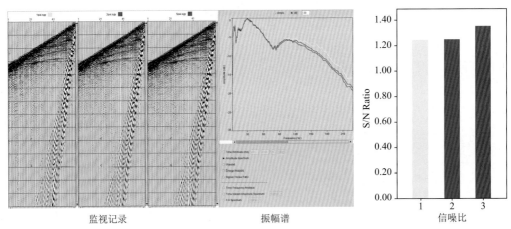

图 2-9　不同耦合条件对地震记录的影响(1 排列黄,2 排列蓝,3 排列红)

二、测耦检波器

基于以上对检波器-大地耦合响应的认识,结合野外地震采集的实际条件,笔者发明了一种可以测量每个单点检波器耦合响应的检波器,称为"测耦检波器(Coupling Evaluation Geophone)"。但是,严格地来讲,测耦检波器不是一种拥有不同于其他类型检波器工作原理的检波器类型(比如动圈式模拟检波器、MEMS 数字检波器、涡流加速度检波器、电化学检波器、光纤检波器、陆地压电检波器……这些分类是基于检波器不同的工作原理),而是一种装置,它可以与某一种检波器,比如动圈式检波器或者 MEMS 数字检波器相结合,而使其具有独立测量耦合响应的能力。由文献检索可知,测耦检波器(Coupling Evaluation Geophone)是迄今为止第一个可以在野外条件下规模测量每个检波器的耦合响应、具有商业意义的检波器。这种检波器一方面可以实时测量、量化表达每个检波器的耦合状况,提醒野外操作人员进行校正;另一方面为室内根据测得的耦合响应参数实施校正计算、衰减耦合响应提供了基础数据。

（一）测耦检波器的工作原理

从理论讲，检波器-大地耦合系统是一个线性时不变振动系统，给予其一个机械脉冲作为输入并测量输出，就可以得到其脉冲响应。但是，脉冲激振是一种瞬态激振，在 $-\infty \sim +\infty$ 范围内频谱应该连续恒定。这在现实中是不存在的，通常只能利用振动台、激振器、起振机、力锤等设备在一定频带范围内对脉冲激振进行模拟。但是经过研究，振动台等设备均不能满足模拟地震勘探中检波器接收到脉冲的要求，它们产生的脉冲激励比较复杂。更为重要的是，以上设施均属实验室设备，无法满足对于野外单个检波器-大地耦合系统振动参数的实际测量，特别是地震勘探中成千上万个检波点的实际测量的需要，所以进行了研制。

1. 设计思路

对于期望用于测量检波器-大地耦合响应的自制激振装置的要求包括以下几个方面。

（1）不要过大、过重，可以附着在检波器上，与检波器结合为一体，以免影响检波器-大地耦合系统的振动特性。与检波器之间的耦合主频应远远大于 400 Hz（1 ms 采样时地震仪的高截频率）。

（2）施加给检波器-大地耦合系统的激励是高频的（≫400 Hz）、已知的。① 之所以希望是高频的，是因为耦合响应的主要工作频段在高频，而自然界中环境噪音的高频成分（＞200 Hz）比较微弱，所以输入信号应该是高频，这样就会在高频端取得较高的信噪比，提高系统识别精度。② 之所以希望是已知的，是根据"信号与系统"的相关理论[30,31]。对于一个线性时不变系统而言，如果输入信号的傅里叶变换是 F_{in}，输出信号的傅里叶变换为 F_{out}，则系统的频率响应可以表示为 $F_{sys} = F_{out}/F_{in}$。对于检波器-大地耦合系统而言，检波器输出信号的傅里叶变换就是 F_{out}，只要知道 F_{in}，就可以求得系统的频率响应或者传递函数 F_{sys}。

经过大量试验，参考文献[32,33]中的部分做法，笔者研制出了适用于野外大规模测量检波器-大地耦合响应的激振装置，并将该激振装置与检波器结合后的检波器称为"测耦检波器"，即可以自行测量耦合响应的检波器（专利号：ZL 2015 2 0258826.8）。该激振装置可以产生一种高频的、已知的、稳定的机械激励信号，利用这种激励下检波器自身的输出数据，即可以求出检波器-大地耦合系统的频率响应、脉冲响应。

2. 振动力学分析

对于单自由度振动系统而言，单自由度系统的位移频率响应函数为

$$H_d(\omega) = \frac{1}{m(\omega_0^2 - \omega^2 + 2j\omega_0 \xi\omega)} \qquad {}^{[26]} \qquad (2\text{-}112)$$

该函数描述了在频域内单自由度系统的位移响应与激振力之间的映射关系。相应地，由傅里叶变换性质可得，单自由度系统初态为静止时，其速度和加速度响应频率函数分别为

$$H_v(\omega) = j\omega H_d(\omega) = \frac{j\omega}{m(\omega_0^2 - \omega^2 + 2j\omega_0 \xi\omega)} \qquad (2\text{-}113)$$

$$H_a(\omega) = -\omega^2 H_d(\omega) = \frac{-\omega^2}{m(\omega_0^2 - \omega^2 + 2j\omega_0 \xi\omega)} \qquad (2\text{-}114)$$

对于速度型检波器而言，其输出的电压值与大地质点的振动速度成正比。所以，当我们测量检波器-大地耦合响应并由速度型检波器作为输出装置时，应该适用公式（2-113）。

对公式(2-113)所表达的系统来说,其脉冲输入信号 $\delta(t)$ 是力信号,输出是速度信号。对于检波器-大地耦合振动系统,如果能够知道输入到该系统的力信号,根据其输出的速度信号,利用公式(2-113),就可以求得该系统的频率响应。假设测耦检波器自身可以产生一个力信号 f_{in},其在不受其他外力的情况下,利用检波器自身的机电转换功能(考虑其低频滤波效应),根据检波器自身质量 m、检波器输出速度信号 v,就可以求出"测耦检波器"自身产生的力信号 f_{in}。但是,不受其他外力的情况在现实中是不存在的,所以采用了悬吊试验,以便大致估测输入力信号 f_{in},其试验设想如图 2-10 所示。

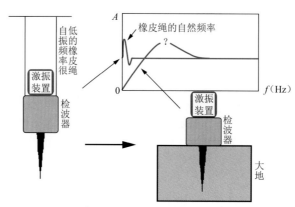

图 2-10　检验激振装置是否合格的试验设想(检波器＋激振装置)

之所以采用悬吊试验,主要原因是这样的:悬吊试验中吊起"测耦检波器"所用的橡皮绳是弹性的,如果不考虑检波器自身振动系统影响的话,其与组合体同样形成了一个单自由度振动系统。因为橡皮绳非常长、非常软,所以其自振频率会很低。同时,所用检波器为10 Hz速度型动圈式检波器,主要影响在10 Hz以下。所以,在橡皮绳自振频率以及检波器自然频率以上频段,产生的主要变化是由"测耦检波器"自身力信号引起的。

通过悬吊试验,测量到检波器输出信号的频谱如图 2-11 所示(速度域、振幅谱)。由图 2-11 可见,除去检波器自身、悬吊振动系统的影响频段(<50 Hz)以外,其振幅谱在400 Hz 以下基本上是平直的;也就是说,从傅里叶变换的角度来说,其速度域的输入信号 $v(t)$ 在 50～400 Hz 频段内归一化的频谱 $F[v(t)]=1$。

测耦检波器产生的力信号可以表示为

$$f(t)=m \cdot a(t)=m \cdot \dot{v}(t) \tag{2-115}$$

式中,m——检波器＋激振装置组合体的质量,kg;

　　$a(t)$——加速度,m/s^2;

　　$v(t)$——速度,m/s。

加速度 $a(t)$ 的傅里叶变换:

$$F[\dot{v}(t)]=i\omega \cdot F[v(t)] \tag{2-116}$$

而

$$F[v(t)] \approx 1 \tag{2-117}$$

可得

$$F[\dot{v}(t)]=i\omega \tag{2-118}$$

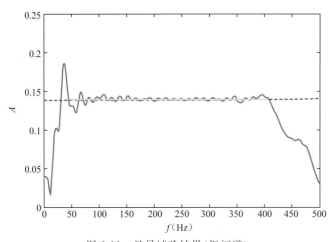

图 2-11 悬吊试验结果(振幅谱)

所以,激振装置产生力信号的傅里叶变换:

$$F[f(t)] = F[m \cdot a(t)] = F[m \cdot \dot{v}(t)] = m \cdot F[\dot{v}(t)] = m \cdot i\omega \qquad (2-119)$$

对于单自由度振动系统而言,当输出数据量纲为速度时,其频率响应函数是:

$$H_v(\omega) = \frac{j\omega}{m(\omega_0^2 - \omega^2 + 2j\omega_0\xi\omega)} \qquad^{[27]} \qquad (2-120)$$

根据系统理论,系统输出的傅里叶变换等于输入力信号的傅里叶变换乘以系统的频率响应,即在激励装置的激励下,系统输出信号的傅里叶变换应为

$$H_{out}(\omega) = H_v(\omega)F[f(t)] = \frac{j\omega}{m(\omega_0^2 - \omega^2 + 2j\omega_0\xi\omega)}mi\omega = \frac{-\omega^2}{\omega_0^2 - \omega^2 + 2j\omega_0\xi\omega}$$

$$(2-121)$$

公式(2-121)即为输入如图 2-11 所示激振装置产生的速度信号(速度型检波器拾取的是速度信号)时,由测耦检波器输出的检波器-大地耦合系统的频率响应公式,恰与单自由度自由振动系统的频率响应公式[公式(2-106)]相差一个常数项 $1/m$,二者归一化的振幅谱与相位谱是相同的。所以,其后的参数识别即可以以此公式为基础,不必再转换为公式(2-103)。之所以这样做是因为环境噪音主要占据测试输出数据的低频端,激振装置产生的信号则以高频为主,同时耦合响应主要在高频端起作用,采用公式(2-121)会在高频端具有更高的信噪比,可以提高参数识别精度。

3. 测量结果的模态参数识别

振动系统试验模态参数识别多在频域进行。在模态耦合不大的情况下,从实测数据经傅里叶变换得到的频响函数曲线就可以粗略地识别模态频率、阻尼比和振型。以频响函数模态参数方程为基本数学模型、利用线性参数或者非线性参数最小二乘法进行曲线拟合的多种模态参数频域识别法(导纳圆拟合法、频域最小二乘法……)可以进行多阶模态参数识别;因其算法不同,精度也不同[27]。

图 2-12 中实线是在试验地区(济阳坳陷普通泥质地表)由测耦检波器测得的检波器-大

地耦合振幅响应,可见只有一个尖峰。经过拟合可知,试验结果与单自由度有阻尼的振动系统的加速度响应[(公式(2-60),等效于公式(2-121)]对应的振幅曲线(图 2-12 中虚线)拟合度非常高。也就是说,此类地表下的耦合响应仅用单自由度有阻尼的振动系统就可以描述,同时,也再次证明了采用公式(2-60)进行振动系统参数识别是正确的、可信的。

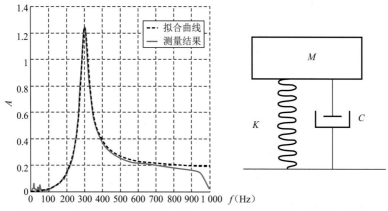

图 2-12　实际测量到的振幅谱(蓝)、拟合曲线(黑)以及相应的振动模型

先后进行了多次不同耦合深度(埋置 1/3 尾锥、2/3 尾锥、3/3 尾锥、全部外壳)的多次试验(1～4),其实际结果与拟合曲线同样证实了以上结论(图 2-13～图 2-16)。

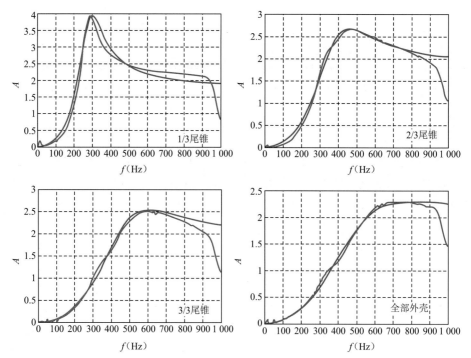

图 2-13　检波器-大地耦合响应振幅谱(蓝)以及拟合曲线(红)(试验 1)

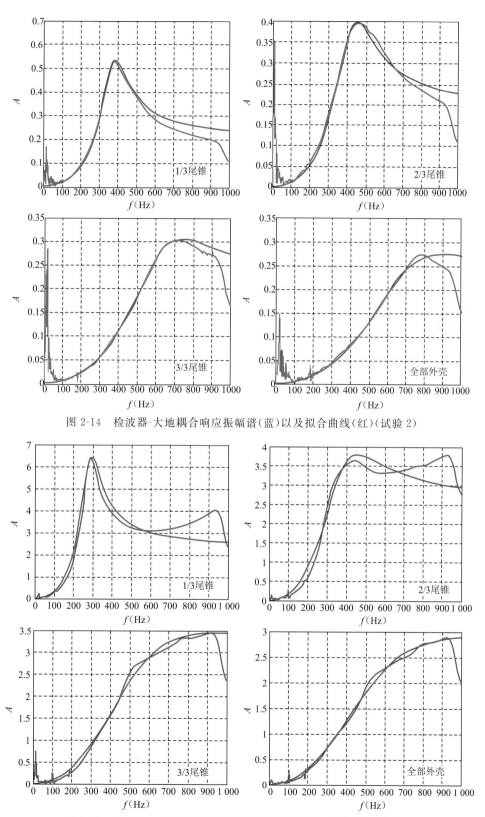

图 2-14 检波器-大地耦合响应振幅谱（蓝）以及拟合曲线（红）（试验 2）

图 2-15 检波器-大地耦合响应振幅谱（蓝）以及拟合曲线（红）（试验 3）

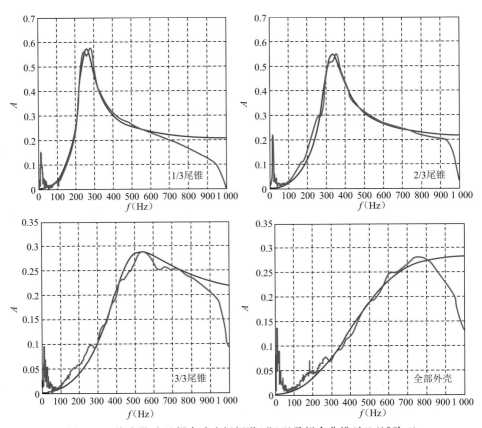

图 2-16　检波器-大地耦合响应振幅谱(蓝)以及拟合曲线(红)(试验 4)

通过图 2-13~图 2-16,可以得到以下结论。

(1) 用单自由度有阻尼的振动系统可以描述检波器-大地耦合现象,而不是双自由度。

之所以不采用"双自由度"的观点,是因为所谓双自由度中的一个自由度是由模拟检波器本身的弹性系统贡献的,不是耦合响应的反应;同时,如果选择其他检波器,比如 MEMS 数字检波器,因为其在自然频率之下工作,所以在地震信号研究的范围内,也不存在第二个自由度的问题。

有文献用更多自由度来描述存在多层耦合介质情况下的检波器-大地耦合现象[28,29],这从理论上来讲是正确的,并且我们也实际测量到了这种现象(图 2-17)。但是有两个问题。

① 确定自由度的阶数取决于耦合响应影响范围内介质类型的数目。当耦合响应影响的范围内有两层或者三层不同介质时,其模型描述就应该采用二自由度或者三自由度。如果第一层耦合介质的厚度非常大,远远超过了耦合响应的影响范围,那么用单自由度来描述更符合实际。② 野外施工中,有用沙袋或者胶泥固定检波器、意图提高耦合效果的做法。这种做法一方面使得耦合响应更加复杂化而难以消除——因为无论后加介质的耦合性能如何好,其与直接耦合到地表的耦合响应相比,都是负面的;同时,沙子或者胶泥两种介质所定义的耦合响应的主频比较低,对地震信号形成了更大的畸变。所以,以上做法更多是一种视觉耦合,对于数据耦合并无帮助。所以,采用将检波器与地表——比如灰岩——紧密连接,是最好的耦合方式。

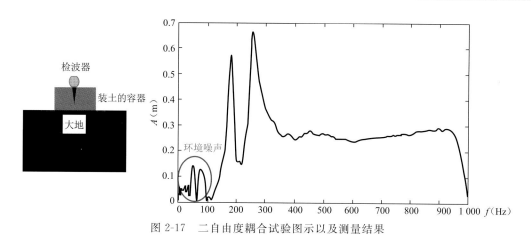

图 2-17 二自由度耦合试验图示以及测量结果

（2）耦合效果的改进，可以表述为耦合固有频率、耦合阻尼比的增加（表 2-1，部分试验结果汇总）。

表 2-1 随着耦合情况的改进，固有频率与阻尼比的变化

序 号	1/3 尾锥 阻尼比/固有频率（Hz）	2/3 尾锥 阻尼比/固有频率（Hz）	3/3 尾锥 阻尼比/固有频率（Hz）	全部外壳 阻尼比/固有频率（Hz）
试验 1	0.23/284	0.37/391	0.41/491	0.52/544
试验 2	0.2/370	0.25/424	0.36/639	0.43/707
试验 3	0.19/283	0.38/386	0.56/588	0.62/605
试验 4	0.17/254	0.18/324	0.34/470	0.6/581

（二）振动台测试检波器-大地耦合响应的局限性

有文献用振动台产生机械振动来模拟产生测试检波器-大地耦合系统脉冲响应所需要的输入信号，并将其输出信号作为脉冲响应。[28]但是振动台（图 2-18）的试验结果是难以被视为检波器-大地耦合系统的脉冲响应的，主要基于两点。

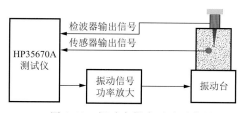

图 2-18 振动台耦合试验示意图

（1）振动台试验中往往用置于容器中的、一定体积的某种介质来模拟同类型大地地表。如果此容器体积远小于检波器-大地耦合响应的影响范围，其等效质量、等效刚度、等效阻尼与真实的大地地表是有差别的，会导致结果不准确；如果扩大容器的体积，其驱动力的给予就会存在一定困难。同时，土壤介质与容器之间的接触关系会形成另外一个自由度。

（2）受振动台驱动方式的限制，振动台施加给"耦合介质＋检波器"系统的机械振动往往频率偏低，此时会看到不同介质之间有差异，但是其输出结果并不代表该系统的脉冲响应。如果根据输入信号对输出信号做脉冲反褶积，可能会有一定的改善。

（三）耦合响应与检波器性能指标的关系

检波器-大地耦合响应对检波器性能指标的数据表现也有一定的影响，比如谐波畸变以及振幅、相位畸变等。

1. 谐波畸变

当然，耦合响应不会直接改变检波器的谐波畸变指标。但是，当检波器耦合较差时，其产生的波形畸变（主要在高频端）会远远大于检波器谐波畸变造成的影响，使得其作用难以显现。

我们在试验的过程中测量了模拟检波器（20 dx，全部尾锥）、数字检波器（DSU3，全部外壳）的耦合响应（图 2-19）。从图 2-19 可见，在 200 Hz 以下耦合响应对地震数据的影响基本上是一致的；但是在 200 Hz 以上数字检波器的高频效应较高，说明其耦合效果较差。这种特性在很大程度上抵消了数字检波器线性畸变非常小（－90 dB，20 dx 是－60 dB）的优势，降低了其数据保真度。

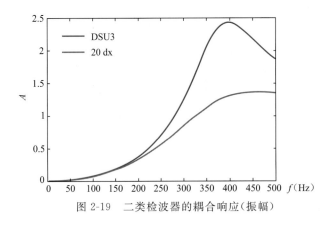

图 2-19　二类检波器的耦合响应（振幅）

2. 检波器振幅/相位

据文献，MEMS 加速度检波器的优点表现在宽带线性振幅和相位响应上，频率响应在 800 Hz 以下振幅畸变不超过±1%。[34,35] 这是一个相当优秀的指标。但是当我们将检波器与大地耦合系统作为一个整体来看待时，这种情况就发生了变化（图 2-20）。

从图 2-20 可见，当全部检波器都插得比较好［图 2-20（a），耦合主频超过目标频率］时，全部检波器组合后其耦合振幅响应仍然是一条光滑的曲线，检波器本身振幅畸变小就具有一定的意义；但是当 1 个甚至多个检波器埋置较差［图 2-20（b）、图 2-20（c），耦合主频进入目标频率］时，其振幅响应就会产生畸变，成为一条非光滑的曲线。在这种情况下，检波器自身振幅畸变小的影响就难以显现了，因为耦合导致的畸变已经远远大于检波器自身的振幅畸变。在野外实际环境中，由于客观上耦合介质的多样化以及主观上的人为因素都存在，也就使得检波器自身优秀性能指标难以转化为高质量的地球物理数据。

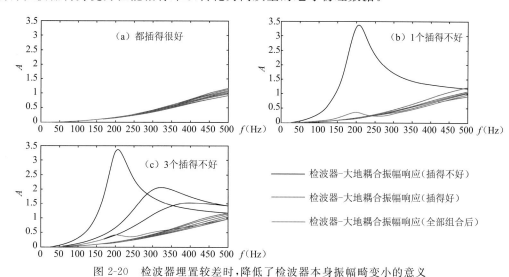

图 2-20　检波器埋置较差时，降低了检波器本身振幅畸变小的意义

三、基于测耦检波器的野外耦合响应规模测量与衰减

从实际应用的角度来看，"测耦检波器"主要有两个方面的用途。

1. 实时监测、量化记录每个检波器的耦合状况

图 2-21 为耦合状况实时监测画面（左图）以及绘制出来的响应的耦合响应曲线（中图）。在野外施工时，存在高山密林、大漠戈壁、山高水深等各种情况（图 2-21 右图），监控难度大。同时，挖坑埋置后，人们无法直观地看到埋置状况，更不用说量化评价。而借助测耦检波器，我们可以看到每个检波器（单点）的耦合状况，对耦合差的检波点进行改正，对耦合好的检波点进行记录，以便为今后进行耦合响应校正提供参数。因为测耦检波器可以独立测量耦合响应，不需人工干预，这就大大提高了检波器埋置质量的监控效率。无论对于监督力量无法覆盖的密林、沼泽、绝壁等复杂地表，还是经过挖坑埋置、水中埋置后只能少量抽检的情况，都可以实现检波器埋置状况的实时检测，对于提高施工效率与质量，均会有很大推动作用。

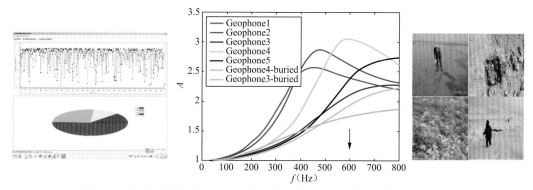

图 2-21　测耦检波器可以实现对每个检波点（单点）耦合情况的监控与记录

同时，在测得每个单点检波器耦合响应的情况下，不需要将每个检波器挖深坑埋置。因

为挖深坑埋置的主要目的是改善耦合介质的弹性参数（密度、泊松比、速度等），进而提高耦合效果，即将耦合曲线的高频段尽量"下压"（图 2-22）；而在采用测耦检波器的情况下，只要将检波器埋置于均匀土壤介质中，紧密、垂直与土壤接触（减小检波器-大地耦合系统的非线性）并用土覆盖表面（减少风的干扰）即可。此后根据测得的耦合参数，即可以基本消除耦合响应，而挖坑埋置的作用仅仅是降低耦合响应。类似地，不同检波器由于其外形、材质、质量的不同，也具有不同的耦合响应，图 2-19 展示了动圈式 20 dx 检波器（埋置全部尾锥）与 MEMS 数字检波器 DSU3（埋置全部外壳）的比较。由图 2-19 可见，DSU3 数字检波器因为自身质量、材质等因素，耦合效果较差（高频响应更强）。该检波器的这一特性在一定程度上抹杀了它作为加速度检波器、在高频段具有较高机电信噪比的优势。

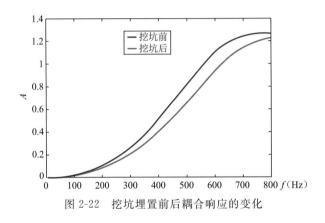

图 2-22　挖坑埋置前后耦合响应的变化

2. 根据野外记录参数消除耦合响应——耦合反褶积

鉴于耦合响应对地震数据的影响，有必要通过一定的方法，还原地震数据受耦合响应影响之前的本来面貌，提高地震数据刻画地质现象的精细度。

实现消除检波器-大地响应的途径之一是采用耦合反褶积。此前，因为没有实际测量到准确的耦合脉冲响应，这种设想是不可能实现的。在测耦检波器的基础上，可以将这一设想变为现实。

反滤波器（反褶积）是使其脉冲响应与信号褶积时，能消除某些前面加到信号上的滤波作用。例如，地震波在地层内传播，可以将地层看成是具有某种性质的滤波器。因此，可以通过反褶积将这些滤波作用去掉，近似地恢复激发信号的形状，以提高分辨能力。耦合响应也可以被视为一种对地震波的滤波效应，所以在已知其脉冲响应的前提下，可以对数据进行"反滤波"，以消除耦合响应的影响，提高数据保真度。[36]

（1）最小平方反滤波（LSD）求反算子。

由于耦合的频率响应函数可能存在零点，如果直接取其倒数，会出现无穷大值点，造成相应的时间域滤波因子剧烈震荡，进而导致滤波结果无法辨认。因此，考虑用最小平方反滤波的办法求取其近似的时间域反滤波因子，再对地震记录进行滤波。

① 快速傅里叶变换（FFT）。

已知耦合频率响应函数 $H(f)$，求其时间域滤波因子 $h(t)$ 需要用反快速傅里叶变换 IFFT 方法。

傅里叶变换是建立以时间为自变量的信号和以频率为自变量的频谱函数之间的某种对

应关系。因为计算量太大,用离散傅里叶变换(DFT)进行谱分析是不切实际的。20 世纪 60 年代中期,人们首次发现了 DFT 的快速算法,经过不断发展与完善形成了快速傅里叶算法 (FFT),它的运算速度可比 DFT 提高 1~2 个数量级。

计算 n 个采样点 $H(t)=\{H_0, H_1, \cdots, H_{n-1}\}$ 的离散傅里叶变换,可以归结为计算多项式 $h(x)=H_0+H_1x+\cdots+H_{n-1}X^{n-1}$ 在各 n 次单位根 $1, \omega^2, \cdots, \omega^{n-1}$ 的值,即

$$\begin{bmatrix} h_0 \\ h_1 \\ h_2 \\ \cdots \\ h_{n-1} \end{bmatrix} = \begin{bmatrix} H_0 & H_1 & H_2 & \cdots & H_{n-1} \end{bmatrix} \begin{bmatrix} 1 & 1 & 1 & \cdots & 1 \\ 1 & \omega & (\omega^2) & \cdots & (\omega^{n-1}) \\ 1 & \omega^2 & (\omega^2)^2 & \cdots & (\omega^{n-1})^2 \\ \cdots & \cdots & \cdots & \cdots & \cdots \\ 1 & \omega^{n-1} & (\omega^2)^{n-1} & \cdots & (\omega^{n-1})^{n-1} \end{bmatrix}$$

$$(2\text{-}122)$$

其中,$\omega=e^{2\pi j/n}(j=\sqrt{-1})$ 为 n 次单位元根。

若 n 是 2 的 k 次幂,即 $n=2^k(k>0)$,则 $h(t)$ 可以分解为关于 x 的偶次幂与奇次幂两部分,即

$$h(x)=H_0+H_2x^2+\cdots+H_{n-2}x^{n-2}+x(H_1+H_3x^2+H_{n-1}x^{n-2}) \tag{2-123}$$

令

$$h_{\text{even}}(x^2)=H_0+H_2x^2+\cdots+H_{n-2}x^{n-2} \tag{2-124}$$

$$h_{\text{odd}}(x^2)=H_1+H_3x^2+H_{n-1}x^{n-2} \tag{2-125}$$

则有

$$h(x)=h_{\text{even}}(x^2)+xh_{\text{odd}}(x^2) \tag{2-126}$$

$$h(-x)=h_{\text{even}}(x^2)-xh_{\text{odd}}(x^2) \tag{2-127}$$

可见,为求 h 在各 n 次单位根上的值,只要求 h_{even} 和 h_{odd} 在 $1, \omega, \omega^2, \cdots[\omega^{(n/2)-1}]^2$ 上的值即可。而 h_{even} 和 h_{odd} 同样可以分解成关于 x 的偶次幂与奇次幂两部分,依此类推,一直分解下去,最后只要求二次单位根 1 和 -1 上的值。实际计算中,可将上述过程倒过来进行,这就是快速傅里叶变换。

编程时调用响应函数的实部 $FR[h(f)]$ 用和虚部 $FI[h(f)]$ 用作为输入。二者均为长度为 N 的双精度实型一维数组,相当于上述计算中的偶次幂与奇次幂两部分,返回时分别输出逆傅里叶变换即 $h(t)$ 的模和辐角(均为长度为 N 的一维数组)。为简便,采用其模作为 $h(t)$ 的离散值。

② 最小平方反滤波。

最小平方滤波(褶积)是一种最佳滤波,即按照最小平方准则来设计滤放器(图 2-23)。这种方法具有简单、灵活、高效的特点,因此在信号数字处理中,最小平方滤波已成为基本滤波方法之一。最小平方反滤波是最小平方滤波(或称最小二乘法)的一种特例,即针对某个滤波器按照最小平方准则设计其反滤波因子,用这个反滤波因子与滤波后的地震记录相褶积,以消除该滤波器的影响。这相当于滤波的反过程,因此称为反滤波。

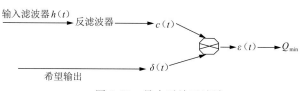

图 2-23　最小平放反滤波

a. 反滤波的基本概念。

所谓反滤波，仍然是一个滤波过程，但它恰好与其他某个滤波过程的作用相反。

设 $x(t)$ 是时间函数 $h(t)$ 的滤波器的输入，$y(t)$ 为输出，则有

$$y(t) = x(t) * h(t) \tag{2-128}$$

现在要设计一个滤波器，使得当 $y(t)$ 作为输入时，输出是 $x(t)$，即

$$x(t) = y(t) * a(t) \tag{2-129}$$

则 $a(t)$ 是 $h(t)$ 的反滤波。

综上，可以得到

$$y(t) = y(t) * a(t) * h(t) \tag{2-130}$$

根据 δ 函数理论，有

$$y(t) = y(t) * \delta(t) \tag{2-131}$$

因此

$$a(t) * h(t) = \delta(t) \tag{2-132}$$

上式即滤波因子 $h(t)$ 与反滤波因子 $a(t)$ 之间的关系。在频率域中，二者对应的傅里叶变换 $A(f)$、$H(f)$ 之间的关系是 $A(f) \cdot H(f) = 1$，

则

$$A(f) = 1/H(f) \tag{2-133}$$

用 Z 变换形式表示

$$A(Z) = 1/H(Z) \tag{2-134}$$

该式是一个有理分式的 Z 变换，$H(Z)$ 为一个多项式。显然 $A(Z) = 1/H(Z)$ 一般是一个无穷级数，$a(t)$ 是一个无穷序列。

b. 最小平方反滤波的基本原理。

最小平方滤波的思想在于设计一个滤波算子，用它把已知的输入信号转换为与给定的期望输出信号在最小平方误差的意义下为最佳接近的输出信号。

设输入信号为 $x(t)$，使它与待求的滤波因子 $h(t)$ 褶积得到实际输出 $y(t) = x(t) * h(t)$。设期望输出为 $y(t)$，用最小平方误差准则判断实际输出与期望输出是否最佳接近，当两者的误差平方和最小时，求出滤波因子 $h(t)$。此时，用 $h(t)$ 对输入信号进行滤波，称最小平方滤波。

若再设计一个滤波器，$x(t)$ 是该滤波器的输出，而期望输出 $y(t)$ 是该滤波器的输入，按此思路求得的滤波因子 $a(t)$ 即为最小平方反滤波因子，用它进行的滤波是最小平方反滤波。

最小平方反滤波是将记录中的地震子波压缩成尖脉冲，是提高垂向分辨率的方法。

设地震子波为 $b(t)$，反射系数序列为 $R(t)$，则地震记录 $x(t)$ 为

$$x(t) = b(t) * R(t) \tag{2-135}$$

现在要设计一个反滤波器 $a(t)$，$a(t) = [a(0), a(1), \cdots a(m)]$ 使地震子波 $b(t)$ 变成窄脉冲，

$$d(t) = [d(0), d(1), \cdots d(m)] \tag{2-136}$$

地震记录 $x(t)$ 经反滤波器 $a(t)$ 作用后的实际输出为

$$c(t) = a(t) * x(t) \tag{2-137}$$

期望输出的是一系列窄脉冲，

$$z(t) = d(t) * R(t) \tag{2-138}$$

根据最小平方反滤波的思想，信号经反滤波作用后的输出应是 $c(t)$ 与 $z(t)$ 在最小平方误差时的最佳输出。

c. 最小平方反滤波数学模型。

输入信号(滤波因子)$h(t)=[h(0),h(1),\cdots,h(n)]$

反滤波因子 $g(t)=[g(-m_0),g(-m_0+1),\cdots,g(-m_0+m)]$

实际输出
$$c(t)=h(t)*g(t)=\sum_{s=-m_0}^{-m_0+m}g(s)h(t-s) \tag{2-139}$$

期望输出(δ脉冲)$(t)=[1,0,\cdots,0]$

输出误差
$$\varepsilon(t)=c(t)*\delta(t) \tag{2-140}$$

误差能量

$$Q=\sum_{t=-m_0}^{-m_0+m+n}[\varepsilon(t)]^2=\sum_{t=-m_0}^{-m_0+m+n}[c(t)-\delta(t)]^2=\sum_{t=-m_0}^{-m_0+m+n}\left[\sum_{s=-m_0}^{-m_0+m}g(s)h(t-s)-\delta(t)\right]^2$$

$$\tag{2-141}$$

要使误差能量最小,数学上就是求 Q 的极值问题,即求满足

$$\frac{\partial Q}{\partial g(l)}=0 \quad (l=m_0,-m_0+1,\cdots,-m+m) \tag{2-142}$$

的滤波因子 $g(t)$。

$$\frac{\partial Q}{\partial g(l)}=\sum_{t=-m_0}^{-m_0+m+n}\frac{\partial}{\partial g(l)}\left[\sum_{s=-m_0}^{-m_0+m}g(s)h(t-s)-\delta(t)\right]^2$$

$$=2\sum_{t=-m_0}^{-m_0+m+n}\left[\sum_{s=-m_0}^{-m_0+m}g(s)h(t-s)-\delta(t)\right]h(t-l) \tag{2-143}$$

$$=2\sum_{s=-m_0}^{-m_0+m}g(s)\sum_{t=-m_0}^{-m_0+m+n}h(t-s)h(t-l)-2\sum_{t=-m_0}^{-m_0+m+n}\delta(t)h(t-s)$$

$$=0 \quad (l=m_0,-m_0+1,\cdots,-m_0+m)$$

因为 $\displaystyle\sum_{t=-m_0}^{-m_0+m+n}h(t-s)h(t-l)=r_{hh}(l-s)$ 为滤波因子的自相关函数,

而 $\displaystyle\sum_{t=-m_0}^{-m_0+m+n}\delta(t)h(t-l)=r_{\delta h}(l)=h(-l)$ $\left(\delta(t)=\begin{cases}1 & t=0\\0 & \text{其它}\end{cases}\right)$ 为滤波因子与期望输出的互

相关函数,故(2-143)式可写为

$$\sum_{s=-m_0}^{-m_0+m}g(s)r_{hh}(l-s)=r_{h\delta}(l)=h(-l) \quad (l=m_0,-m_0+1,\cdots,-m+m)$$

$$\tag{2-144}$$

该式是一个方程组,写成矩阵形式如下

$$\begin{bmatrix} r_{hh}(0) & r_{hh}(1) & \cdots & r_{hh}(m) \\ r_{hh}(1) & r_{hh}(0) & \cdots & r_{hh}(m-1) \\ \cdots & \cdots & \cdots & \cdots \\ r_{hh}(m) & r_{hh}(m-1) & \cdots & r_{hh}(0) \end{bmatrix}\begin{bmatrix} g(-m_0) \\ g(-m_0+1) \\ \cdots \\ g(-m_0+m) \end{bmatrix}=\begin{bmatrix} h(m_0) \\ h(m_0-1) \\ \cdots \\ h(m_0-m) \end{bmatrix}$$

$$\tag{2-145}$$

该方程组的系数矩阵即托布利兹矩阵,是一种特殊的正定矩阵,它不但以主对角线为对称,也以次对角线对称,且主对角线及与主对角线平行的直线上的元素均相同。(2-145)式

是最小平方反滤波的基本方程,可用专门的莱文森递推法求解。

由方程组可知,只要知道耦合的传递函数 $h(t)$,求出其自相关函数 $r_{hh}(l)(l=0,1,2,\cdots,m)$,代入该方程组求得反滤波因子 $g(t)$,用它与地震记录褶积,即可消除耦合效应。

$$y(t)*g(t)=x(t)*h(t)*g(t)=x(t)*\delta(t)\approx x(t) \tag{2-146}$$

即反滤波结果接近真实的地面振动。

d. 提高垂直分辨率与提高信噪比的关系。

一般来说,反滤波在提高垂直分辨率的同时会降低信噪比。脉冲反滤波不能区分信号和噪声,只能考虑总的振幅谱。理想反滤波的输出是白噪反射系数序列,从频率上说,就是将地震记录的谱变为幅值近似相等的白噪声谱。这样,如果记录的干扰没有消除干净,则残留的干扰会同时得到放大。即经反滤波后噪声的高、低频成分表现出较大的振幅,脉冲反滤波的输出常常出现噪声或尖峰,于是降低了信噪比。因此,在进行反滤波之前,应当最大限度地压制干扰,在反滤波之后还需进行宽带滤波,以提高信噪比。

e. 有限长物理可实现信号的反信号。

对于任一信号 $h(n)$,如果信号 $g(n)$ 满足 $h(n)*g(n)=\delta(n)$(脉冲信号),则称 $g(n)$ 是 $h(n)$ 的反信号,或称 $h(n)$ 的反滤波因子。有关 $m+1$ 项物理可实现信号的反信号的特点如下。

$m+1$ 项信号 $h(n)=h(h_0,h_1,\cdots,h_m)$。设 $h(n)$ 的反滤波因子 $g(n)$ 的 Z 变换为 $G(z)$,则有

$$G(z)=\frac{1}{H(z)}=\frac{1}{h_m(z-\alpha_1)(z-\alpha_2)\cdots(z-\alpha_m)}=\frac{1}{h_m}\cdot\frac{1}{(z-\alpha_1)}\cdot\frac{1}{(z-\alpha_2)}\cdots\frac{1}{(z-\alpha_m)} \tag{2-147}$$

这里讨论混合延迟的情况。

当 $h(n)$ 为混合延迟,且所有根 $|a_j|$ 都满足 $|a_j|\neq 1$(即不在单位圆上)时,可把 a_j 分为两组,一组为 $a_j^{(1)},j=1,2,\cdots,m_1$,满足 $|a_j^{(1)}|>1$,一组为 $a_j^{(2)},j=1,2,\cdots,m_2$,满足 $|a_j^{(2)}|<1$,其中 $(m_1+m_2=m)$,这时

$$G(z)=\frac{1}{h_m}\prod_{j=1}^{m}\frac{1}{z-a_j}=\frac{1}{h_m}\prod_{j=1}^{m_1}\frac{1}{z-a_j^{(1)}}\cdot\prod_{j=1}^{m_2}\frac{1}{z-a_j^{(2)}} \tag{2-148}$$

并且

$$\prod_{j=1}^{m_1}\frac{1}{z-a_j^{(1)}}=\sum_{n=0}^{+\infty}\alpha_n^{(1)}z^n$$

$$\prod_{j=1}^{m_2}\frac{1}{z-a_j^{(2)}}=\sum_{n=-\infty}^{0}\alpha_n^{(2)}z^n \tag{2-149}$$

因此,$G(z)$ 可表示为

$$G(z)=\sum_{n=-\infty}^{+\infty}\alpha_n z^n \tag{2-150}$$

这表明反信号 $g(n)$ 在时间的正负两个方向上皆有值。

另一种情况,当 $h(n)$ 为混合延迟,且至少有一根 a,使 $|a_1|=1$,这时至少有一 f_0,使

$$e^{-i2\pi\Delta f_0}-\alpha_j=0 \tag{2-151}$$

因此

$$H(f_0)=h_n(e^{-i2\pi\Delta f_0}-\alpha_1)\cdots(e^{-i2\pi\Delta f_0}-\alpha_j)\cdots(e^{-i2\pi\Delta f_0}-\alpha_m)=0 \tag{2-152}$$

所以,不存在这样的 $G(f)$ 使得 $H(f)G(f)=1$ 对每一点 f 都成立。这样的反滤波频谱不存在,因此可认为反滤波因子即反信号 $g(n)$ 也不存在。

f. 托布利兹(Toeplitz)方程的递推解法。

托布利兹方程(2-145)是一种特殊形式的线性方程组,其形式为

$$\begin{bmatrix} r_{hh}(0) & r_{hh}(1) & \cdots & r_{hh}(m) \\ r_{hh}(1) & r_{hh}(0) & \cdots & r_{hh}(m-1) \\ \cdots & \cdots & \cdots & \cdots \\ r_{hh}(m) & r_{hh}(m-1) & \cdots & r_{hh}(0) \end{bmatrix} \begin{bmatrix} g(-m_0) \\ g(-m_0+1) \\ \cdots \\ g(-m_0+m) \end{bmatrix} = \begin{bmatrix} h(m_0) \\ h(m_0-1) \\ \cdots \\ h(m_0-m) \end{bmatrix}$$

$$(2\text{-}153)$$

在该式中,$r_{hh}(j)$、$h(j)$ 都是已知的,$g(j)$ 是未知的。

为简化起见,把 $r_{hh}(0),r_{hh}(1),\cdots,r_{hh}(m)$ 依次记为 $r_1,r_2,\cdots,r_{m+1}$;把 $g(-m_0)$,$g(-m_0+1),\cdots,g(-m_0+m)$ 依次记为 $x_1,x_2,\cdots,x_{m+1}$;把 $h(m_0),h(m_0-l),\cdots,h(m_0-m)$ 依次记为 $h_1,h_2,\cdots,h_{m+1}$;则上述方程组可写为

$$\begin{bmatrix} r_1 & r_2 & \cdots & r_{m+1} \\ r_2 & r_1 & \cdots & r_m \\ \cdots & \cdots & \cdots & \cdots \\ r_{m+1} & r_m & \cdots & r_1 \end{bmatrix} \begin{bmatrix} x_1 \\ x_2 \\ \cdots \\ x_{m+1} \end{bmatrix} = \begin{bmatrix} h_1 \\ h_2 \\ \cdots \\ h_{m+1} \end{bmatrix}$$

$$(2\text{-}154)$$

形如上式的方程,称为托布利兹方程,方程的系数矩阵

$$\begin{bmatrix} r_1 & r_2 & \cdots & r_{m+1} \\ r_2 & r_1 & \cdots & r_m \\ \cdots & \cdots & \cdots & \cdots \\ r_{m+1} & r_m & \cdots & r_1 \end{bmatrix}$$

称为托布利兹矩阵。

在最小平方滤波中都要遇到解托布利兹方程的问题,由于托布利兹方程是一种特殊形式的线性方程组,所以托布利兹矩阵有一种特殊解法,即递推解法。它的基本思想:m 阶方程组的解可以用 $m-1$ 阶方程组的解表示,$m-1$ 阶方程组的解可以用 $m-2$ 阶方程组的解表示。这样,只要知道一阶方程组的解,就可以一步一步递推出任意阶方程组的解。

③ 最小平方反滤波过程中的几个关键问题。

在用最小平方法解托布利兹方程求反耦合滤波因子过程中,会遇到诸如预白噪、参数 m 与 m_0 的选择、能量保持处理等几个关键问题,这几个问题能否解决得好关系到反滤波结果的优劣,因此下面分别详细介绍。

a. 预白噪问题。

直接求解(2-145)式效果往往不好,具体分析原因如下:当 $-m_0 \rightarrow -\infty$,$-m_0+m \rightarrow +\infty$ 时,(2-145)式变为

$$\sum_{\tau=-\infty}^{+\infty} g(\tau)r_{hh}(t-\tau) = h(-t) \quad -\infty < t < +\infty \tag{2-155}$$

即

$$g(t) * r_{hh}(t) = h(-t) \tag{2-156}$$

对应于频率域,上面关系为

$$G(f) \cdot R_{hh}(f) = \overline{H(f)} \tag{2-157}$$

其中，$R_{hh} = |H(f)|^2$。当 $|H(f)|$ 有零点或接近于零点的时候，$G(f)$ 就不存在或取值非常大，反映在时间域反滤波因子 $g(t)$ 收敛缓慢，震荡激烈，反滤波效果不好。

解决上述问题的办法是预白噪化。

把 2-145 式中的系数矩阵 $r_{hh}(n)$ 做如下变换：

$$H_{hh}(n) = r_{hh}(n) + \lambda r_{hh}(0)\delta(n) = \begin{cases} r_{hh}(0) + \lambda r_{hh}(0) & n=0 \\ r_{hh}(n) & n \neq 0 \end{cases} = \begin{cases} (1+\lambda)r_{hh}(0) & n=0 \\ r_{hh}(n) & n \neq 0 \end{cases}$$

$$\tag{2-158}$$

$\lambda r_{hh}(0)\delta(n)$ 的频谱等于 $\lambda r_{hh}(0)$，为一常数，由于白光的光谱是均匀分布的，实际中许多噪声信号的谱也近似于常数，因此把 $\lambda r_{hh}(0)\delta(n)$ 称为白噪相关函数，把加白噪的过程叫做预白噪化。λ 通常是一个很小的正数，叫作白噪系数，可根据记录中噪声水平人为调节，一般取在 $0 \sim 0.2$ 之间。

然而，白噪化后反滤波的结果会在尖脉冲（极大压缩后的组合滤波因子）后面跟上一个小的摆动。小摆动的出现又会降低反滤波结果的分辨率，λ 越大，影响越大。因此要取一个适当的 λ 值，既使反滤波因子 $g(t)$ 稳定，又使 $Q = \sum [g(t) * h(t) - \delta(t)]^2$ 的值较小，跟在后面的小摆动就会衰减的快些。取 λ 时，要根据信号 $h(t)$ 的振幅谱的特点来确定。原则上是 $|H(f)|$ 越接近于零，λ 就越取的稍大些。另外，也可通过取不同的 λ 值进行试验，以确定合适的值。由于 $g(t)$ 稳定，就可以取有限长度因子 $[g(-m_0), g(-m_0+1), \cdots, g(-m_0+m)]$ 很好地近似 $g(t)$。因此，经过白噪化后再解方程组（2-145），就可以得到较好的反滤波因子和较好的滤波效果。

b. 参数 m 与 m_0 的选择问题。

解（2-145）式时会遇到 m 与 m_0 的选择问题，这两个参数选择是否合适直接影响到反滤波的效果。选择参数的方法会因滤波因子是最小相位信号还是混合相位信号而不同。检验信号是最小相位还是混合相位的一个简便办法是看其波形的能量主要聚集的位置。如果能量主要聚集在信号前端，则该信号是最小相位延迟信号，简称最小相位信号；如果能量主要聚集在信号中间，则该信号是混合相位延迟信号，简称混合相位信号。

针对混合相位信号，确定参数 m 与 m_0 的方法如下。此时，严格的反滤波因子 $g(t)$ 在整个时间轴 $(-\infty, +\infty)$ 上都有值，因此在选取最小平方反滤波因子 $g(t)$ 的时候，一般取 $m_0 > 0$，$-m_0 + m > 0$。

实际应用中可采取试验的方法确定 m 与 m_0。第一步，找出混合相位信号 $h(t)$ 最大振幅值所在的时间 t_0。第二步，取 $-m_0^{(l)} = -t_0 - l$，$-m_0^{(l)} + m^{(l)} = -t_0 + l$，其中 l 是一个比较大的正数。对这样的 $m^{(l)}$ 与 $m_0^{(l)}$，解方程得到反滤波因子 $g(t) = (g - m_0^{(l)})$，$g(-m_0^{(l)}+1), \cdots, g(-m_0^{(l)}+m^{(l)})$。第三步，根据 $g(t)$ 的波形，把两端振幅值较小的部分截掉，使 $g(t)$ 的能量主要集中在 $(-m_0, -m_0+m)$ 之上。其中，$-m_0^{(l)} < -m_0$，$-m_0+m < -m_0^{(l)}+m^{(l)}$。然后根据现在的 m 和 m_0，再解方程（2-145），即可得到 $g(t)$。这就是要求的实际应用的反滤波因子。

以上所述实际上是当 $h(t)$ 为不同相位信号时，最小平方反滤波因子 $g(t)$ 中 m_0 的选取原则。最小平方反滤波因子 $g(t)$ 的长度为 $m+1$，m 的取值范围比较广，可在 $30 \sim 200$ 之间。对反滤波的要求较高时,可取 m 在 $100\sim200$ 之间;要求不高时,可取 m 在 $30\sim60$ 之间。

c. 能量保持处理。

反滤波的目的是将拉伸的信号压缩为一个尖脉冲,而这个尖脉冲既能反映原来信号的变化方向,又能保持原来信号的能量水平。因此,需要对反滤波因子进行能量保持处理,即将白噪化处理后的反滤波因子 $g(t)$ 乘上一个系数。

解方程(2-89)可得 $h(t)$ 的反滤波因子 $g(t)$,$h(t)$ 经过 $g(t)$ 滤波后变为

$$g(t) * h(t) \approx \delta(t) \tag{2-159}$$

上式右边不能反映 $h(t)$ 的运动方向,为了刻画 $h(t)$ 向上或向下运动的特点,我们选择一点 t_0,使 $h(t_0)$ 的符号能反映 $h(t)$ 向上或向下的特点,例如可取 $h(t_0)$,使 $|h(t_0)|$ 为 $|h(t)|$ 的最大值。$h(t_0)$ 的符号为

$$S_h = h(t_0) / |h(t_0)| \tag{2-160}$$

把反滤波因子 $g(t)$ 变为 $g^{\wedge}(t)$

$$g^{\wedge}(t) = s_h \sqrt{\frac{r_{hh}(0)}{r_{yy}(0)}} g(t) \tag{2-161}$$

其中

$$r_{yy}(0) = \sum_{i=-\infty}^{+\infty} r_{gg}(t) r_{hh}(t) \tag{2-162}$$

用 $g^{\wedge}(t)$ 对 $h(t)$ 进行滤波,就是所谓的保持能量不变、方向不变的最小平方反滤波。[36]

(2)具体做法与实际效果。

在进行"耦合反褶积",即由检波器输出数据求取地面震动数据的时候,需要注意公式转换的问题。因为我们利用公式

$$H_{\text{out}}(\omega) = \frac{-\omega^2}{\omega_0^2 - \omega^2 + 2j\omega_0\xi\omega} \tag{2-163}$$

进行振动参数模态识别的时候,其输入信号的傅里叶变换式为

$$F[\dot{v}(t)] = i\omega \tag{2-164}$$

并且激励力信号是施加于检波器上、相当于振动系统中质量块 m 上的。在实际的地震波接收时,地震波是由地面传导到检波器上,即相当于由振动系统的支座传播到质量块 m 上,适用公式可导出

$$\frac{\bar{X}}{\bar{X}_1} e^{-i\varphi} = \frac{\bar{X}}{\bar{X}_1} (\cos\varphi - i\sin\varphi) = \frac{k + i\omega c}{k - m\omega^2 + i\omega c} \tag{2-165}$$

所以,输入检波器-大地耦合系统的大地振动位移信号与检波器振动位移信号之间的关系也可以用公式 2-165 表达。同时因为

$$位移\ d = 速度\ v \cdot 时间\ t \tag{2-166}$$

所以,大地振动速度与检波器输出速度信号(不考虑检波器自身的滤波效应)之间的频域关系,也可以用公式(2-165)表示。也就是说,在通过检波器输出速度信号求取大地振动速度信号的时候,适用于公式(2-165),而不是通过参数扫描、求取振动模态参数时所用的公式(2-163)。

在以上分析的基础上,利用我们发明的专利装置,测得每个检波器的耦合响应(图 2-24)后,即可以利用反褶积或者反滤波的方法,将该检波器接收到的数据进行耦合反褶积,消除

耦合响应的影响,提高信号的保真度(图 2-25)。

由图 2-24 可见,耦合响应会对大地振动(地震检波系统的输入信号)产生一种高频放大作用。实验表明,在多数情况下,耦合谐振频率多高于 200 Hz,频率越低,畸变越大。

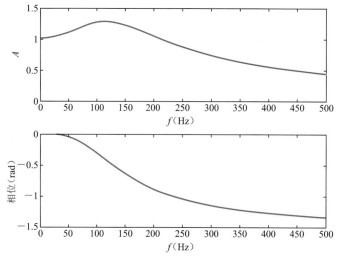

图 2-24　检波器-大地耦合频率响应

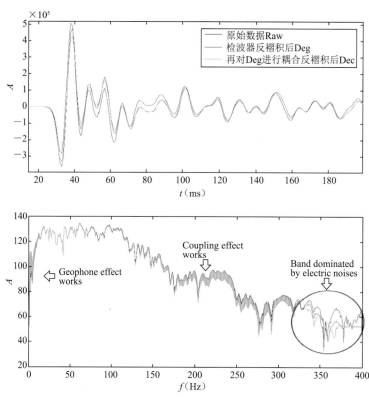

图 2-25　原始数据与经过检波器反褶积以及再进行耦合反褶积之后的波形与频谱

由图 2-25 可以看出,在低频段,检波器响应(特指存在低频滤波效应的动圈式检波器)在起作用,可以通过检波器反褶积进行低频补偿(详见第三章第三节)。但是,因为地面震动信号中既有低频反射信号,也有低频噪音,比如次生噪音、面波、环境干扰等等,所以,利用检波器反褶积进行"低频补偿"后,需要根据恢复信号的特征,进行针对性的去噪,提高低频端的信噪比(因为爆炸信号是低频丰富的)。而对于高频的耦合响应而言,通过耦合反褶积消除的,是一种"多出来"的信号,是一种纯噪声,并且主要在高频段,特别是 100~200 Hz 起作用。因为低于 100 Hz,多数耦合响应畸变不大;高于200 Hz,震源激发存在一定困难,特别是激发出超过环境高频的有效信号。另由图 2-25 可见,超过 300 Hz 至高截频率之前,因为地震检波系统输入的反射信号比较弱(高频吸收),环境噪声中高频也比较弱,使得电噪声相对变强。此时,通过"耦合反褶积"放大的,主要是电噪声,产生了很大的失真,是不可信的。

对于"检波器反褶积"补偿的低频信号以及由耦合反褶积衰减的高频噪声来说,其作用都是使得地震数据在更大程度上代表了地面震动,即提高了信号的保真度。因为相较于检波器数据而言,大地振动的保真度是 100%。

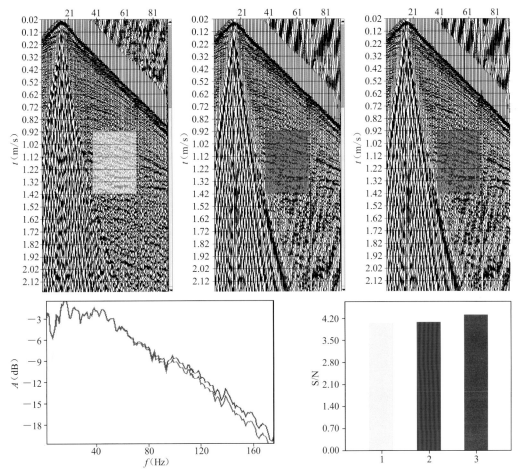

图 2-26 在原始数据(黄)基础上进行检波器反褶积(蓝)、再进行耦合反褶积得到的地震记录(红)

需要说明的是,以往多数地震数据都是基于动圈式检波器的速度数据,没有进行以上两类反褶积。在进行二类校正后,数据呈现了不同的高低频特征,所以在数据处理以及地质解释方面的更多应用需要进行进一步的深入研究,特别是低频信号对于波形反演、速度分析、深层成像,低频阴影分析等方面,耦合反褶积后高频信号对于提高高频弱信号的信噪比、保真度、同相性以及分辨率,识别微小地质体的能力等方面。

第四节　结束语

（1）从振动力学而非波动力学的角度去认识、处理耦合现象,更具有针对性与适用性。

（2）检波器-大地耦合响应可以简单表述为大地质点振动与检波器外壳振动之间的差异,在频域表达更为清晰、规律。

（3）用单自由度有阻尼的振动系统可以描述耦合介质具有一定厚度时的检波器-大地耦合响应;耦合响应的改善,可以表现为耦合固有主频与耦合阻尼比的增加。

（4）测耦检波器可以实现检波器-大地耦合响应的野外大规模测量。根据测量结果,可以对耦合效果不好的单道进行改进,对耦合效果好的单道的相关参数进行记录。

（5）耦合响应降低了地震信号的信噪比与分辨率,可以通过耦合反褶积对数据进行改善,提高信号的保真度。

（6）耦合响应的不确定性,使得检波器自身优秀性能指标的作用降低了。在某些情况下难以转化为高质量的地球物理数据。

检波器性能指标与地球物理效果

受当前技术手段的限制,人们目前无法直接测量到震源激发所带来的大地的真实振动,所以只好把能够将机械信号转换为电信号的检波装置插到地上,间接测量大地振动,从中读取地震波所携带的地质信息。地震检波器就是满足以上要求的一种装置。在石油地震勘探中,检波器的作用是以尽量小的失真产生地面振动单分量或者多分量的电模拟,完整地反映地震波的动力学特征。在这种间接测量的过程中,在两个环节上产生了误差:大地振动与检波器外壳振动之间的误差——耦合响应;检波器外壳振动与检波器输出电信号之间的误差——机电效应。所以,检波器的设计与制造必须最大限度地减小耦合响应带来的耦合噪声以及机电效应带来的电噪声,尽量忠实地记录大地振动。

检波器在发展的过程中依托不同的技术出现了多种类型,依据不同的标准可以将检波器划分为不同的类别。

按供电方式分为有源检波器、无源检波器。传统的机械动圈式检波器与涡流检波器都属于无源类检波器。

按物理实现原理分为:① 电参量式检波器,如电阻式、电感式、电容式;② 磁电式检波器,如磁电感应式、霍尔式、磁栅式;③ 压电式检波器;④ 光电式检波器,如光电式、光栅式、光纤式、光波导式、激光式、红外式等;⑤ 波式检波器,如超声波、微波式;⑥ 半导体式检波器;⑦ 顺变柱体、多普勒技术检波器等。

按用途分为陆用、沼泽、海洋和井下检波器。

按工作方式分为横波、纵波及三分量检波器。

按输出数据的类型分为模拟检波器、数字检波器。[37]

第一节　两种典型检波器的工作原理

在按照输出数据类型为依据的类别划分中,模拟动圈式检波器,如 20 dx 等,是当前石油勘探中应用最为广泛的检波器之一。数字检波器中发展较为迅速的是 MEMS 数字检波器,如舍赛尔公司生产的 DSU 系列等。数字检波器被推出十几年来,也进行了一定范围内的试验与生产。

基于动圈结构的模拟检波器的性能和作用,已被长期的生产实践所验证。这类传统的检波器具有性能稳定可靠、价格低廉等优点,但是也存在电磁干扰、信号串音、漏电等问题。随着地震勘探技术的发展,需要的道数急剧增多,频带更宽、研制体积更小、重量更轻、接收频带更宽、更容易校准的检波器成为发展方向。这种需求,加上微机电加工技术等相关科学技术的发展,促进了 MEMS 数字检波器的出现。

一、动圈式模拟检波器

动圈式模拟速度检波器是最常用的一类检波器,这类检波器主要由一个振动系统组成,包括质量块、弹簧以及阻尼器,如图 3-1 所示。上、下两个线圈绕制在铝制线圈架上,组成一个惯性体,由弹簧片悬挂在永久磁铁所产生的磁场中,永久磁铁与检波器外壳固定在一起。两个线圈的连接方法应满足:当检波器外壳随地面震动引起线圈相对磁铁运动时,两线圈的感应电动势增加,在输出端输出相应的电信号。检波器外壳一般通过一个圆锥形的铁质尾锥,实现与大地的耦合。

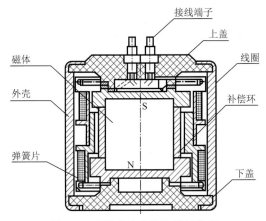

图 3-1　动圈式速度检波器结构图

动圈式检波器的自然频率是检波器芯体内弹簧-惯性系统沿其磁钢轴向上的自由谐振频率,其值的大小取决于系统的等效质量和等效刚度。典型的动圈式速度检波器的自然频率为 10 Hz。自然频率是与线性度、灵敏度等相互制约的技术指标,同样会受到材料性能、结构形式等客观条件的限制。由于检波器是具有分布参数的系统,因此,确定其技术指标参数的实际数值,既需要理论计算,也需要实验测量。检波器的传输函数曲线是通过在垂向单位速度激励下,连续改变正弦激励信号的频率,然后检测其输出电压求得的。从检波器性能角度来说,影响检波器传递函数特性的因素主要包括以下几个方面。[38]

(一) 自然频率

动圈式检波器的幅频响应呈现高通滤波器特性,一般在其自然频率(谐振频率)以下,以一定陡度压制低频,到其自然频率以后呈现通频带(图 3-2)。自然频率越低接收低频深层信号的能力越强,但是压制面波的能力越弱。动圈式检波器的自然频率通常为 8 Hz、10 Hz、14 Hz 等。

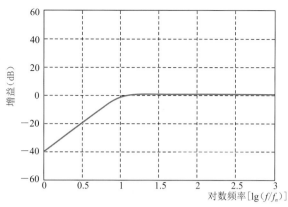

图 3-2 动圈式速度检波器的振幅特性(f_n 为自然频率)

（二）阻尼

阻尼为衰减系数与自然频率之比,表示为 $D=h/\omega_0$。$D<1$ 时,为欠阻尼,检波器输出的固有振动为逐渐衰减的正弦振动;$D>1$ 时,为过阻尼,检波器输出的固有振动具有非周期性,且迅速衰减;$D=1$ 时,为临界阻尼,固有振动处于周期振动向非周期性振动过渡的状态。由于固有振动的特点是输入信号消失后,输出要延续一段时间,所以当检波器固有振动的延续时间大于相邻两界面的反射时差时,检波器输出的两个界面的反射信号就会重叠在一起无法分辨。因此,为了提高分辨率,检波器固有的振动延续时间应较短,所以阻尼系数多选临界阻尼 1。电动式检波器的幅频特性取决于检波器的阻尼系数,$D<0.707$ 时,灵敏度在某一频率点出现尖峰;$D=0.707$ 时,刚好不出现尖峰;$D>0.707$ 时,无尖峰出现;所以最佳阻尼为 $D=0.707$。

（三）寄生振荡

地震检波器的寄生谐振是在其工作轴垂直方向上的谐振。谐振的特性主要与弹簧片的形状、各部分的尺寸、材料及其均匀度、安装固定方式等有关。

检波器的平静工作带宽(记录带宽,图 3-3)指的是自然频率 f_n 至寄生振荡频率(自然频率的 $15\sim30$ 倍)之间的频带宽度。

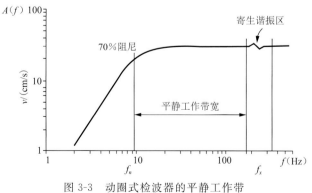

图 3-3 动圈式检波器的平静工作带

（四）灵敏度

灵敏度是指检波器的机电转换效率。灵敏度越高,检波器输出的电压越高。

（五）串并联关系

检波器通过串联的方式增加灵敏度,通过并联的方式降低噪音和阻抗。

（六）非线性

由于制造工艺上的种种原因,电动式检波器也存在一定的非线性,检波器的非线性与地震仪的非线性一样会造成地震信号的畸变,所以我们希望它越小越好。国产电动式检波器的谐波失真多小于 0.2% [39]。

（七）绝缘电阻

电动式检波器线圈及其接线必须与外壳绝缘,如果绝缘不好,外界的工频电网和天电干扰形成的地电流就会通过线圈与地面之间的漏电电阻而进入地震仪,从而对地震信号产生干扰。因此,电动式检波器的绝缘电阻应为数十兆欧的数量级[39]。

动圈式模拟检波器 20 dx 的性能指标参数见表 3-1。

表 3-1 动圈式检波器技术指标(以 20 dx 为例)

指　标	20 dx		
	单　只		6 串 2 并
	开路	并 1 000 Ω	
自然频率(Hz)	10	10	10±5%
直流电阻(Ω)	395	283	849±5%
灵敏度(V/m/s)	28.0	20.1	120.6±7.5%
阻尼系数	0.300	0.707	0.707±10%
失真系数	<0.20%±5%		
绝缘电阻(MΩ)	>20		

二、MEMS 数字检波器

基于 MEMS(Micro-Electro-Mechanical Systems)技术的数字检波器(以下简称 MEMS 数字检波器)采用加速传感器,在传感器的结构和性能上与普通动圈式速度检波器有本质的不同。MEMS 数字检波器在谐振频率之下工作,而常规动圈式检波器采用速度传感器,在谐振频率之上工作,这个差别使得这两种类型的检波器有着完全不同的性能和外形尺寸。MEMS 数字检波器的振动拾取部分仍然是模拟传感器,在控制回路中,由特定用途的集成电路芯片(ASIC,Application Specific Integrated Circuit)将输出进行数字化。MEMS 数字传感器的体积比常规传感器小得多,前者是长 1 cm 左右、重量小于 1 g 的硅片,后者则是长约 3 cm、重约 75 g 的圆柱体。在 MEMS 芯片中,惯性质量和框架的残留位移只有几纳米,常规检波器的残留位移则可达 2 mm。

（一）频率特性

从性能上看，MEMS 加速度检波器的特点表现在宽带线性振幅（图 3-4）和相位响应（图 3-5）上：其振幅响应在 0~800 Hz 之间畸变不超过±1%，时间畸变不超过±20 μs；就相位而言，动圈式检波器对信号存在一定的相位畸变，而 MEMS 加速度检波器在 0~800 Hz 范围内的相位响应是基本相同的。

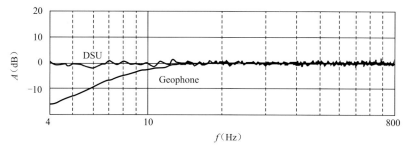

图 3-4　MEMS 数字检波器 DSU 和动圈式模拟检波器 20 dx 的振幅特性对比

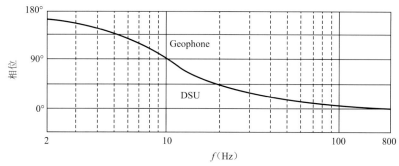

图 3-5　MEMS 数字检波器 DSU 和动圈式模拟检波器 20 dx 的相位特性对比

MEMS 数字检波器的谐振频率远远高于地震勘探的有效频带（1 kHz），这个性能使其无衰减得记录 10 Hz 以下的频率成分甚至直流信号成为可能。重力矢量技术则为灵敏度校准和倾角测量提供了可能。在常速情况下，加速度随着频率的增加而增加。当高于某一频率时，MEMS 数字检波器的背景噪音要低于常规检波器与终端组合的背景噪音。

（二）动态范围

使用 MEMS 数字检波器的 24 位记录系统的总动态范围可以高达 120 dB（4 ms 间隔采样时，最大信号 4.5 m/s² 与背景噪音 4.5 μm/s² 的比），畸变则小于−90 dB[36]，它低于使用单个常规检波器的同一记录系统的总动态范围 140 dB（24 位记录系统的总动态范围）。MEMS 检波器的瞬时动态范围最低为 90 dB，优于单只常规检波器（小于 70 dB，可以通过检波器组合改善）。

（三）抗电磁干扰

数字检波器与常规检波器的另一个区别是数字检波器没有模拟传输部分，它由 MEMS

传感器与电子元器件集成,进行全数字化传输,所以理论上有更强的抗电磁干扰的能力。

第二节　一个试验中两种典型检波器数据表现不同的原因分析

MEMS 数字检波器目前主要有 VectorSeis 系列和 DSU 系列。前者是美国 I/O 公司 1999 年前后推出的 Vector Seis 三分量数字地震检波器;后者是法国舍赛尔公司 2003 年推出的全数字地震数据采集系统,分为 DSU1 和 DSU3 两种。迄今为止,数字检波器的试验、生产已经取得了很多有意义的经验、结论,但也存在一些偏差与误区。

MEMS 数字检波器较传统的动圈式检波器在性能指标方面有了很大的进步,也呈现出了不同的数据特征,但是从实践角度来讲,却并没有最终表现为地球物理及地质效果的大幅进步,进而得以大面积推广。在野外施工中占主导的,仍然是 10 Hz 动圈式检波器。所以,除了商业因素以外,有必要从基础数据的角度入手,进一步深入分析两种典型检波器采集到的数据之间的差异,找到这种现象背后的原因。

作者认为,如果仅仅从表 3-2 的性能指标对比来看,DSU3 无疑取得了进步。但是这种对比存在两个问题:① 部分指标没有比较,比如耦合能力方面;② 部分较高的指标参数没有在"从地面震动到磁带数据的映射"中得以体现。比如 DSU3 数字检波器 0～800 Hz 的频率和相位响应,因为有效反射波频率低(低于 150～200 Hz)而难以充分发挥作用。检波器的高指标没有转换为地震数据的高质量。

表 3-2　两种代表性检波器(DSU3、20 dx)的性能指标对比

检波器性能	DSU3 数字检波器	20 dx 模拟检波器
频率和相位响应	0～800 Hz	10～250 Hz
畸变	−90 dB	−70 dB
动态范围	120 dB	70 dB
信噪比	高频响应好	低频响应好
埋置倾斜度	27°	10°
幅度校准精度	±25%	±3.5%
直角校准精度	±0.25%	±1%
抗电磁干扰能力	强	弱
动耗	400 mW	420 mW

为了深入对比数字检波器与模拟检波器的数据效果,笔者于 2010 年年初在某油田 HJ 地区采用法国舍赛尔公司产 428XL 地震仪以及 DSU3 数字检波器、20 dx 模拟检波器进行了一个野外对比试验。在试验数据的基础上,对两种检波器的性能指标差异与地球物理效果之间的关系进行了分析,以期找到两者之间的关联,进一步明确石油地震勘探对检波器的地球物理要求。

一、试验概况

试验工区位于 DY 凹陷西部,紧邻 LJ 洼陷和 NZ 洼陷,包括 BN、LJ 断裂带,东营组到沙

三段都是有利的含油区带,油气源条件优越。

(一)表层地震地质条件

工区内地势平坦,地表条件为第四系泥沙交互沉积,潜水面为 3~6 m,激发条件较好。工区西部、SN 工区的表层较厚,受河流淤沙的影响,对地震波的吸收衰减严重。

(二)深层地震地质条件

反射层位:T_1、T_2、T_4、T_6、T_7、T_R、T_g,其中 T_R 和 T_g 由于以往深层资料信噪比及分辨率低而无法进行追踪(图 3-6 和 3-7)。目的层埋深总体变化不是很大,沙四底 T_7 埋深在 3 120~4 710 m 之间,其中西北角最深,为 4 710 m,断层比较发育,主要为东西走向。沙三中、沙三下虽然地层断断续续,但总体埋深变化不大。

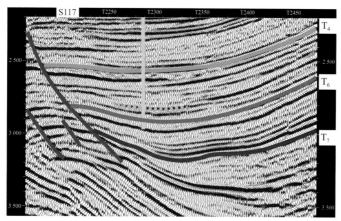

图 3-6　南坡连片三维

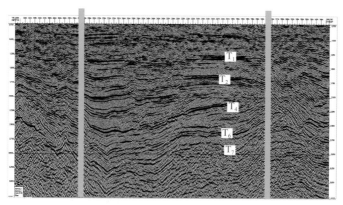

图 3-7　南坡三维东西向剖面

断层特点:断层发育,构造复杂。目前,XH 油区东营组底 T_2 发现断层 307 条,这些断层切割成的断块 7 个,其中大于 1.0 km² 的只有 34 个,大部分断块小于 0.2 km²,平均每口井钻遇断点 2.7 个。

储层特征:储层发育,横向变化较大。陆相断陷湖盆沉积的不稳定性造成储层发育纵横向变化快,共发育 5 种储层类型:东营组河流相砂体、沙一段浅湖相生物灰岩、席状砂、沙二上三角洲平原亚相分流河道、沙二下河口砂坝。

油层特征：油层厚度大，条带窄。油层多且富集，但含油条带窄，一般为 110～210 m，且不同油层有不同的油水系统。H10-20 块平均单井钻遇油层 8 层、46.7 m。H100-斜 24 单井钻遇油层 18 层、138.3 m，油水同层 13 层、41.6 m。

岩性油藏特征：沙三中浊积岩油藏平面连片，潜力巨大。在 DY 凹陷中央背斜带西段的 SN、HJ 油田，先后开发了 H15、H11、H10 等大型沙三中岩性油藏，且平面上已经实现含油连片（纵向各砂层组连通）。H148-48 等井在沙三中更深层系发现浊积岩油藏。沙三下深水浊积扇不断有新发现。沙四段滩坝砂油藏储层较薄，分布较广。DY 凹陷中带沙三下沉积时期发育大套油页岩层段，为大规模湖侵体系，以发育深水浊积扇体为主，预探井往往获得高产，一般产量在 23 t/d 以上，勘探程度远远低于沙三中。

（三）以往单炮品质

从 SN 工区品质较好的中部老单炮分析可以看出，在能量上，T_7 层可见有效反射，但由于排列过短，T_7 以下没有反射。在频率上，受河流淤沙的影响，激发和接收条件较差，老资料的频率较低，20～40 Hz 分频扫描可见 T_7 反射，30～60 Hz 分频扫描基本看不到 T_4 以下的同相轴。通过频谱分析发现，该区视主频低，频带窄，深层高频损失严重。在 0.9～1.3 s 处，视主频 35 Hz 左右，优势频带 8～80 Hz；在 2.0～2.1 s 处，视主频 30 Hz 左右，优势频带 8～50 Hz 之间；在 3.3～3.6 s 处，视主频 12 Hz 左右，优势频带 2～30 Hz 之间。从连续多炮能量、信噪比来看，信噪比低，在 4.0 左右波动。从连续多炮自相关来看，子波旁瓣能量较强、持续相位较多，分辨率不高。总体来说，该区老单炮受河流淤沙的影响，表层吸收衰减严重，虽然激发药量很大，但深层仍然见不到有效反射。受当时设备条件限制，接收排列太短，也造成了深层资料的缺失。

从 SN 工区高精度的单炮可以看出，虽然覆盖次数的增加提高了信噪比，改善了资料的品质。但在河流附近，由于表层激发接收条件的影响，单炮能量弱，信噪比低，中深层很难见到有效轴。在频率上，虽然浅层频带有所拓宽，但中深层仍然没有大的改善，资料品质较差。

从对 HJ 地区的单炮资料分析来看，该区在 0.9～1.3 s 处，视主频 26 Hz 左右，优势频带 5～55 Hz 之间；在 2.0～2.1 s 处，视主频 20 Hz 左右，优势频带 4～43 Hz 之间；在 3.3～3.6 s 处，视主频 17 Hz 左右，优势频带 3～41 Hz 之间。对该区单炮资料进行 20～40 Hz、30～60 Hz、40～80 Hz 的分频扫描来看，40～80 Hz 在 2 s 以上能看到有效同向轴，30～60 Hz 在 3 s 以上能看到有效同相轴。因此，本工区主要目的层优势频带应能达到 5～60 Hz。从连续多炮能量、信噪比来看，单炮之间能量信噪比变化较大，信噪比在 3.8 左右波动。从连续多炮自相关来看，子波旁瓣能量较强、持续相位较多，分辨率不高。

总之，通过工区内的老单炮分析来看，中部资料稍好。但在河流附近，由于激发和接收条件以及当时技术设备的影响，造成单炮品质普遍较差，特别是 T_7 以下能量弱，信噪比低；频带窄，主频低。[41]

（四）观测系统

受传统做法的影响，20 dx 模拟检波器在生产中以"串"的形式出现，数字检波器 DSU3 则是单点。二者在进行野外试验时，也多数按照模拟串-数字单点的方式进行。但是这种方式一方面使得模拟检波器自身的指标因为组合而产生变化(比如灵敏度),另一方面组合效应的存在也模糊了两类检波器自身的差异。笔者认为,即使在进行野外试验的时候,也应该按照模拟单点-数字单点的方式进行;并且除了检波器因素外,其他任何施工因素都应该是相同的,保持单一的变化因素。在不同检波器、不同施工方法、不同处理手段的情况下,得出的关于检波器本身的结论是不科学的。

所以,本次试验采用了图 3-8 所示的观测系统(36 组检波器——每组一个 20 dx、一个 DSU3,60 炮)。野外施工结束后,利用炮检互换的原理,将每一个检波器接收到的 60 炮组成一张地震记录,然后比较同一组内的 20 dx、DSU3(比如图 3-8 红色圈内)分别对应的记录。

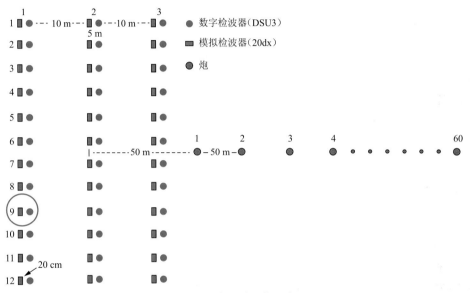

图 3-8 试验观测系统示意图

(五) 仪器因素

仪器类型:428XL。

记录格式:SEG-D。

采样间隔:1 ms。

记录长度:7s。

记录密度:512 轨。

前放增益:0 dB。

磁带机型号:3592。

检波器:20 dx、DSU3(性能参数见表 3-2)。

图 3-9 是两种检波器对应的野外监视记录。从监视记录来看,无论能量、频率、信噪比还是同相轴连续性等均有较大不同。下面逐一对可能形成以上差异的原因进行分析。

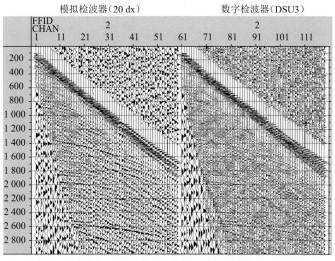

图 3-9   20 dx 与 DSU3 的监视记录

二、试验结果分析

动圈式模拟检波器 20 dx 与 MEMS 数字检波器 DSU3 主要在跟踪物理量、频率响应、绝对动态范围、相对动态范围、对于电磁干扰的响应、组合方式、耦合效应、矢量保真度等 8 个方面存在可能导致数据表现不同的性能指标方面的差异。当然,其中有些差异并没有在图 3-9 中形成直观的表现,但是他们仍然是对数据质量有影响的。

(一) 跟踪物理量

在很多文献中直接将动圈式模拟检波器与 MEMS 数字检波器的野外监视记录进行对比,如图 3-10 所示,进而得出后者高频更加丰富的结论。但是这种做法忽略了一个事实:两种检波器跟踪的物理量是不同的。

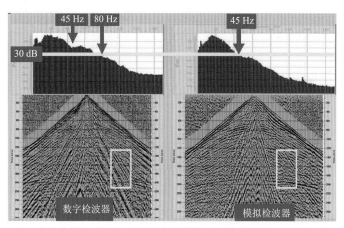

图 3-10   直接将数字、模拟两种检波器接收到的数据进行比较是不合理的

20 dx 动圈式检波器输出的是模拟电信号,模拟电信号经数字化以后与检波器外壳振动速度在一定频带范围内具有线性关系,即速度型检波器。DSU3 数字检波器输出的是数字

信号,并与检波器振动加速度在一定频带内具有线性关系,为加速度型检波器。因为跟踪的物理量(位移、速度、加速度)不同,所以不同类型检波器得到的地震数据具有不同的数据特征(图 3-11,由左至右依次为位移,速度,加速度)。因为加速度振幅谱与速度振幅谱存在线性关系($a=2\pi fv$,a 为加速度,v 为速度,f 为频率,图 3-12),所以加速度振幅谱的高频成分更为丰富,表现为加速度检波器接收到的数据频率更高(表 3-3)。因此直接将跟踪不同物理量的两种检波器(20 dx、DSU3)产生的记录或者剖面进行对比,并且断定 DSU3 高频更加丰富是不合理的。对于同一个脉冲振动而言,位移、速度、加速度的波形、振幅、主频均不同,主频依次提高,但是这种主频的提高仍然反映的是同一个振动,是同一振动的不同表现形式,并没有本质的不同。所以,将 MEMS 数字检波器接收到的数据积分为速度,频率自然会下降(图 3-13);或者将动圈式检波器接收到的数据微分为加速度,频率自然会提高(图 3-14)。比如对于同一段环境噪音而言,仅仅进行微分,就会使得其频率提高(图 3-15),但是这种提高是没有实质意义的。如果要将 20 dx、DSU3 数据进行相互比较的话,应该放到同一个域(速度域或者加速度域)进行。即使 DSU3 生产商提供的《用户手册》中也是这么做的(图3-16)。

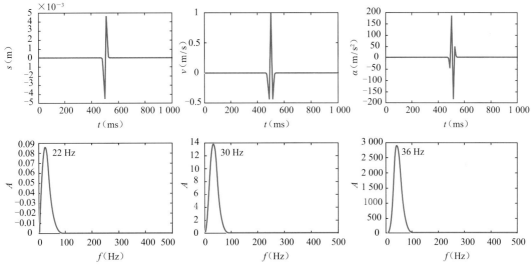

图 3-11 同一个振动在不同域内的表现(从左至右依次为位移、速度、加速度)

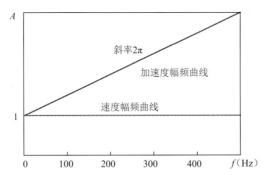

图 3-12 同一振动在速度域与加速度领域不同幅频曲线

表 3-3　图 3-11 中 3 个波形在速度域与加速度域主频的差异

速度（Hz）	30	60	90
差值（Hz）	6	13	20
加速度（Hz）	36	73	110

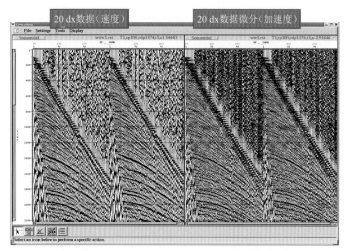

图 3-13　动圈式检波器 20 dx 的速度与加速度监视记录

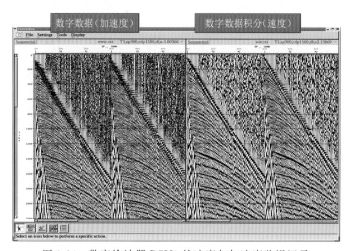

图 3-14　数字检波器 DSU3 的速度与加速度监视记录

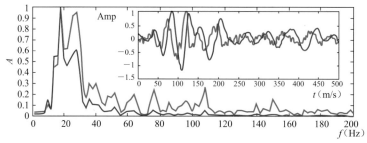

图 3-15　环境噪音分别用速度（红）、加速度（蓝）表示时的归一化振幅谱与波形（小图）

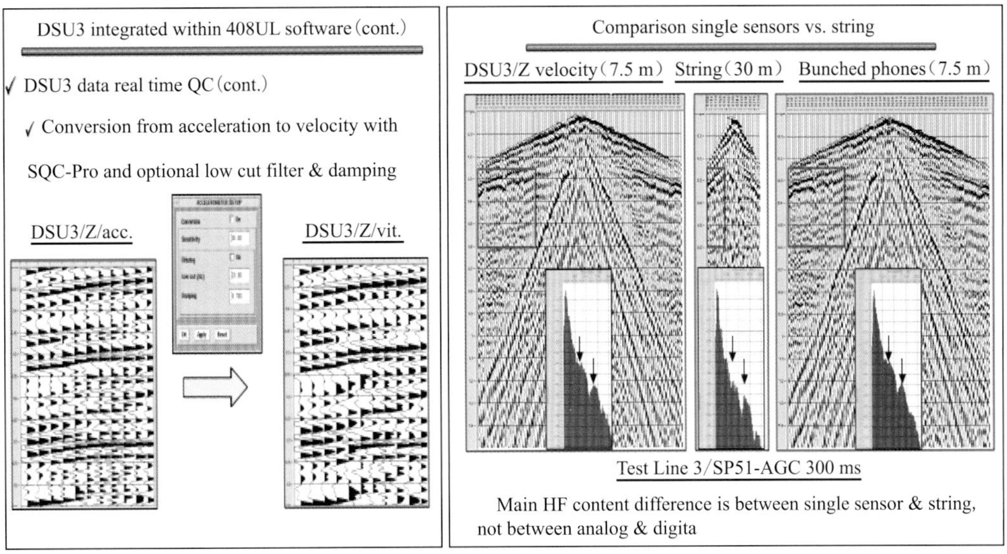

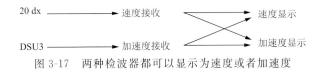

图 3-16　两种检波器同在速度域的比较（据舍赛尔公司《428XL 用户手册》,2006 年）

所以,从视觉来讲,频率越高,加速度的优势越明显;频率越低,加速度的优势越弱。但是,从振动的角度而言,只要检波器忠实地记录大地振动,位移、速度、加速度都可以互相转换,是一个问题的不同表现形式而已(当然,这里没有考虑机电转换过程中电噪声的影响)。

同时,应该认识到,加速度接收与加速度显示不同。两种检波器都可以用速度或者加速度显示(图 3-17)。将动圈式检波器 20 dx 的单炮与数字检波器 DSU3 的单炮直接比较的错误在于速度显示与加速度显示的比较。因为加速度显示相当于进行了"高频提升",所以主频会相对较高。加速度显示相对于速度显示是否会有较大优势主要取决于信号与噪音频带的"相对态势",看信号被提升的程度大还是噪音被提升的程度大。

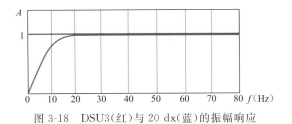

图 3-17　两种检波器都可以显示为速度或者加速度

(二) 频率响应

20 dx 与 DSU3 对接收到的机械信号具有不同的滤波响应(图 3-18)。从图 3-18 可见,20 dx 检波器在低频端具有 12 dB/oct 的衰减;同时虽然 20 dx 检波器的自然频率为 10 Hz,但是低频衰减直到 30～40 Hz 才能结束。在此频段以下,不考虑电噪声的情况下,磁带数据较检波器外壳机械振动的低频部分要弱得多。

图 3-18　DSU3(红)与 20 dx(蓝)的振幅响应

  DSU3 在 800 Hz 以内是"全通"的,低频部分没有衰减,所以表现在记录上就是 DSU3 的低频较为丰富。比如,图 3-19、3-20 分别为相邻 10 cm 的、20 dx 与 DSU3 检波器接收到的同一炮数据,上、中、下分别为加速度、速度、位移波形。从图 3-19(20 dx)可见,面波的主频约为 10 Hz,但是同一面波在图 3-20(DSU3)中却表现为 3 Hz 左右,这正是图 3-18 中 DSU3 低频端没有衰减所导致的。但是,图 3-20 中 DSU3 在位移上表现出的极低频是真实信号的反应、还是由噪声因素导致的,有待于进一步研究。

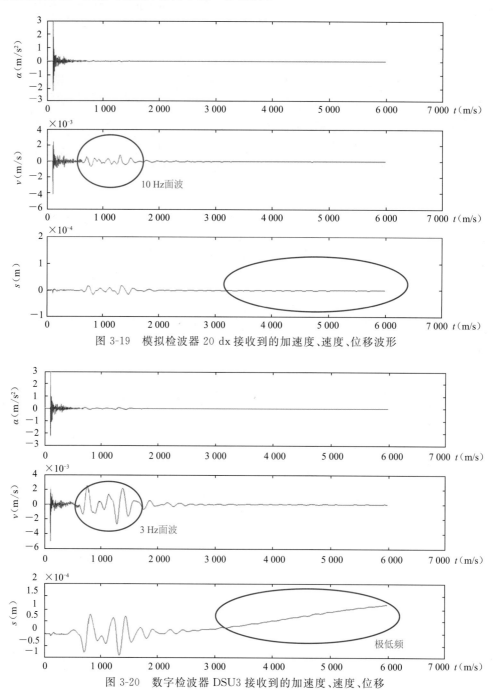

图 3-19 模拟检波器 20 dx 接收到的加速度、速度、位移波形

图 3-20 数字检波器 DSU3 接收到的加速度、速度、位移

对于模拟检波器,振幅响应及相位响应都存在畸变,但是因为频率(振幅与相位)响应是已知的,所以经过"检波器反褶积"(详见第三章第三节)、对振幅与相位进行补偿后,不同主频检波器的资料面貌不会出现太大的差别。但是"检波器反褶积"难以弥补"极低频"部分(比如 1～3 Hz 及以下)的损失。

动圈式检波器的寄生震荡对其频率响应也会有影响,但是因为陆上石油勘探的兴趣频段在 200 Hz 以下,所以只有在某些特殊情况,比如检波器歪斜的时候,才会表现出来。

DSU3 制造商舍赛尔公司为了与模拟检波器相比较,提供了一个相当于 10 Hz 模拟检波器低频滤波效应的低截滤波器供客户选择[42]。但是,因为 10 Hz 低切滤波的频率响应与模拟检波器的频率响应不同(图 3-21),10 Hz 低切滤波较动圈式模拟检波器的滤波效应保留了更多的低频成分。表现在数据上,即经过 10 Hz 低切滤波器后的数据较经过动圈式检波器滤波后的数据振幅要强,提高了同相轴的连续性(图 3-22)。所以,在实践中不宜用低切滤波来代替"检波器自身的滤波效应"进行检波器比较,而应该编写专门的与检波器滤波效应相同的滤波器。

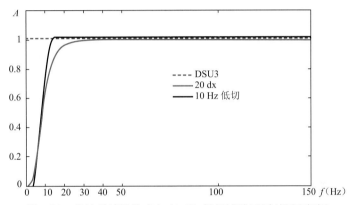

图 3-21　检波器滤波效应与 10 Hz 低切滤波不同(振幅响应)

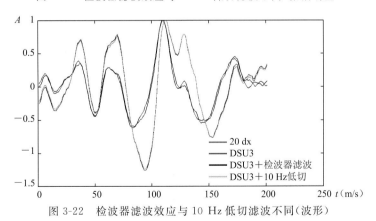

图 3-22　检波器滤波效应与 10 Hz 低切滤波不同(波形)

(三) 绝对动态范围

当地震波在非完全弹性介质中传播时,其振幅按以下公式变化:

$$A_1(f) = A_0(f)\exp(-\pi ft/Q) \tag{3-1}$$

式中,A_0——震源发出的地震波的初始振幅;

A_1——地震波传播时间 t 后的振幅；

Q——与介质吸收特性有关的无量纲参数；

f——地震波的频率。

由上式可得到地层的对数传输函数 $E(f)$ 为

$$E(f) = 20 \lg \frac{A_1(f)}{A_0(f)} = -20 \left(\frac{\pi}{Q} ft \right) \lg^e = -8.68 \frac{\pi}{Q} ft \tag{3-2}$$

令 $\beta = -8.69 \frac{\pi}{Q} t$

则

$$E(f) = \beta f \tag{3-3}$$

由上式可见，同样的地层对地震波衰减的分贝数与频率成正比，与传播的时间成正比。这表明频率越高，深度越深，地层对地震波的衰减越大。[43]

李庆忠院士曾经对一典型的新生界沉积盆地不同旅行时地震波的大地吸收衰减进行过计算。在 3s 处地震反射波波的吸收率为 0.91 dB/Hz，那么 10 Hz 与 120 Hz 地震波的吸收衰减就会相差近 100 dB，相应地深层低频信号的能量就会比高频信号大几个数量级。[44] 同时，由震源激发的震源子波在远离主频的低频端，其能量也相对较弱。而这些低频弱信号对于识别某些特定的地质现象也具有重要意义。所以，无论低频信号还是高频信号都存在弱的成分，都是我们追求的目标。而反射弱信号能否被记录下来的一个重要决定因素是地震采集设备——主要是地震仪与检波器——的动态范围。

数字地震仪曾经采用瞬时浮点放大器(IFP)与普通 A/D 转换器配合提高仪器的动态范围，它的理论动态范围可达 168 dB。但 IFP 由复杂的模拟电路构成，电路本身噪声的影响使之与 15 位 A/D 转换器配合后的实际动态范围低于 110 dB；同时，因为这种地震仪在体系结构、多通道、智能化等方面能力不足，难以满足高分辨率地震勘探的要求。因此，20 世纪 90 年代末研制出了新一代高分辨率数字地震仪，其记录地震信号的频率范围可达 0~400 Hz，幅值动态范围可达 130 dB 左右。因为地震仪的动态范围是由组成地震仪的各个硬件的性能参数决定的，并不随着输入信号的改变而改变，为了与检波器线性畸变所定义的动态范围相区别，笔者将由地震仪所定义的动态范围称为"绝对动态范围"。因为这个动态范围对于确定的仪器、参数来讲是固定的，由前置放大器、A/D 转换器、电噪声等因素决定，不会随着输入信号的改变而改变。

1. 绝对动态范围的影响因素

绝对动态范围主要与前置放大器、A/D 转换器等元器件有关。

(1) 前置放大器。

地震仪前置放大器的作用主要有 3 个：① 阻抗匹配作用；② 消除或抑制由检波器串引入的共模干扰；③ 对检波器的差模信号进行增益放大。对于不同的前放增益，其电路允许输入的最大不失真信号以及入口噪声是不同的，因此对应于不同的前放增益有着不同的动态范围。选用增益的大小主要依据反射波振幅的强弱，强振幅用小增益，反之用大增益。

(2) A/D 转换器[39]。

① A/D 转换器的量化误差。

设 A/D 转换器转换结果的误差为 ε，则

$$\varepsilon = \varepsilon_q + \varepsilon_e \tag{3-4}$$

式中,ε_q——量化产生的误差;

ε_e——地震仪各种电子元件产生的热噪声。

A/D 转换器的相对误差 δ 为

$$\delta = (\varepsilon_q + \varepsilon_e)/E = \delta_q + \delta_e \tag{3-5}$$

式中,E 为 A/D 转换器的满标值。

若 A/D 转换器的量化电平为 q,A/D 转换器位数为 n,则 $\varepsilon_q = \pm q/2$,因此,$\delta_q = \varepsilon_q/E = E/2^{n+1}$。

由上式可见,当 n 达到一定值时,δ_q 将小于 δ_e。此时,再增大 n 已经没有实际意义。实际上,当 A/D 转换器的分辨率要求在 18 位以上时,积分型、逐次逼近型和直接比较型 A/D 转换器的电路结构本身的噪声影响很难克服。

② Σ-Δ 转换器的特点

Σ-Δ 转换器又称为过采样转换器,它根据 Σ-Δ 调制总和增量调制的原理,将转换器的动态范围提高到 120 dB 以上,采用 Σ-Δ 转换器采集站的框图如图 3-23 所示。

输入(检波器信号) $\Rightarrow$ 前放 $\Rightarrow$ A/D $\Rightarrow$ 输出

图 3-23 以 Σ-Δ A/D 转换器为核心的采集站框图

24 位 Σ-Δ 转换器与"15 位 A/D + 瞬时浮点放大器"的采集站相比,省去了模拟高切滤波器、多路开关、采样保持器及瞬时浮点放大器,使电路大大简化,体积小、重量轻。其性能具有 3 个重要特点。① 瞬时动态范围大,一般可达 130 dB 以上。② 畸变小,因为模拟电路已减至非常少,畸变水平在百万分之五以下。③ 高切滤波器截止频率高;传统采集站抗混叠高切滤波器放在 A/D 之前,为模拟滤波器。由于大陡度模拟滤波器制造困难,因而一般将截频选在 1/4 采样频率以下,例如 1 ms 采样时,3 dB 截频选在 250 Hz 以下。但对于 Σ-Δ 转换器来说,高切滤波在数字化之后进行,数字滤波器滤波特性可做得很陡、接近矩形,因而截频一般取在 0.4~0.41 采样频率。例如,对于 2 ms 采样的 Σ-Δ A/D 转换器,高截频可取 206 Hz 左右;从 206~250 Hz,衰减可大于 120 dB,因而采集到的频率范围已相当于以往的 IFP A/D 转换器 1 ms 采样的频率范围。数字滤波器的另一个优点是,可以做到严格的线性相位,因而减少了系统的相位畸变。[43]

2. 几个与绝对动态范围有关的概念

在与地震采集设备有关的动态范围中,以下几个经常被提及,比如系统动态范围、瞬时动态范围等,但是却一直没有被清晰地区分。下面以目前广泛采用的 428XL 仪器以及动圈式模拟检波器 20 dx、MEMS 数字检波器 DSU3 为例,详细讨论几个与绝对动态范围有关的概念及其对地震数据的影响。

(1) 系统动态范围。

对于系统动态范围的概念不尽统一,笔者认为,系统动态范围就是 A/D 转换器最小量化噪音～AD 转换器的最大量程,是由 A/D 转换器的位数定义。目前,广泛采用的 24 位定点模数转换器的动态范围是 138 dB(23×6),不是 144 dB(24×6)。因为

$$24 = 1(\text{sign bit}) + 23(\text{mantissa}) \tag{3-6}$$

以往曾经采用的 14 位浮点记录格式的构成是

$$15=1(\text{sign bit})+14(\text{mantissa}) \tag{3-7}$$

所以,对于定点 24 位模数转换器而言,138 dB 是能够记录到磁带上的样点值的最大范围:1
~8388607($2^{23}-1$)。

(2)瞬时动态范围。

地震仪中由各种电子元件产生的、换算至入口处的热噪声一般为数微伏,低于此幅度的
信号将不能被地震仪准确地记录下来,所以入口噪声一般被称为地震信号的绝对死亡线。
"换算到仪器入口的电噪音均方值~A/D 转换器的最大量程"可以称为地震仪的瞬时动态范
围。

以舍赛尔公司生产的 428XL 系列仪器为例,对于 20 dx 模拟检波器而言,完成数字化的
器件是 A/D 转换器;对于 DSU3 数字检波器来说,则是 ASIC。无论哪种器件,只要转换位
数是 24 位,理论上的系统动态范围就是 138 dB。但是因为电噪声的水平不同,在不同采样
率下,其实际可以利用的瞬时动态范围也就有所不同(表 3-4)。在同等采样率下,采用模拟
检波器采集较采用 DSU3 数字检波器的电噪声稍小而动态范围稍大。但应该注意的是,因
为两种检波器的追踪物理量(20 dx-速度型检波器、DSU3-加速度型检波器)不同,所以其电
噪声的比较,也应该放到同一个运动域——速度域或者加速度域——进行(图 3-24)。因为
对于不同检波器地震数据的比较,也是在同一个运动域内进行的。

表 3-4   428XL 在不同检波器以及不同采样率时的瞬时动态范围

检波器/采样率	入口噪声~最大量程	瞬时动态范围
DSU3/4 ms	1.8 μV~2 262 mV	122 dB
DSU3/1 ms	3.6 μV~2 262 mV	116 dB
20 dx/4 ms	0.45 μV~2 262 mV	134 dB
20 dx/1 ms	0.9 μV~2 262 mV	128 dB

从图 3-24 可见,在 27 Hz 以下,电噪声 20 dx<DSU3;但是在 27 Hz 以上,电噪声 DSU3
>20 dx。也就是说,DSU3 较 20 dx 更适于高频信号(>27 Hz)的拾取。

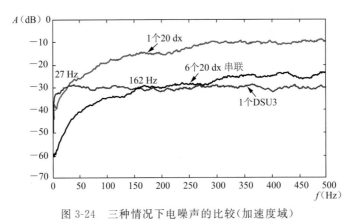

图 3-24   三种情况下电噪声的比较(加速度域)

如果将 20 dx 的灵敏度提高 6 倍,或者将 6 个 20 dx 检波器串联,则两条曲线的交点可
以上升到大约 162 Hz(当然,这并不说明此时 A/D 转换器的电噪声会降低)。只是因为

20 dx 与 DSU3 要转换为速度或者加速度才能进行比较,20 dx 灵敏度的提高会使得相同电压的电噪声被转换为速度或者加速度时变得更小,所以与 DSU3 比较时"交点"的数值就会增大。也就是说,在 162 Hz 以下(石油勘探的主要目标频段),20 dx 较 DSU3 的电噪声更小,信噪比更高,动态范围更大。所以,提高灵敏度有利于扩大 20 dx 较 DSU3 在低频端的瞬时动态范围优势。

（3）有效动态范围。

有效动态范围指的是可以保真地记录波形的动态范围。因为我们从 A/D 转换器中得到的数据需要连缀成波形才有地球物理意义,而非着眼于孤立单点,基于这个要求,对于地震仪所记录的地震数据而言,应该做到以下几点。

① 至少记录 4 位,才能保证波形不至于产生较大的畸变(图 3-25)。

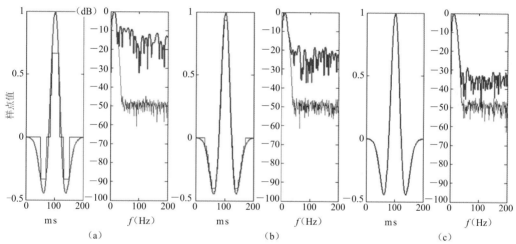

图 3-25　增加记录位数有助于减小采样噪音[(a)、(b)、(c)分别为 2 位、4 位、8 位记录时的波形与频谱;
蓝色为采样后,红色为采样前]

② 计算波形的动态范围,要根据有效值(RMS)而不是最大值。

对于 428XL 而言,可以记录的最大有效值 1 600 mV 是信号动态范围的上限。如果超过这个上限,室内就无法恢复其真实波形。所以,基于记录波形而非孤立单点的需要,A/D 转换器的有效动态范围应该掐头去尾,即

$$6×23（系统动态范围）-6×4（至少记录 4 位）$$
$$-20×lg(2\ 262/1\ 600)（有效值而非最大值）=111\ dB$$

由上可见,系统动态范围与瞬时动态范围是由点定义的,而有效动态范围则是由线定义的。3 种动态范围之间的关系是系统动态范围＞瞬时动态范围＞有效动态范围,对信号保真起主要作用的是有效动态范围。

3. 前放增益对绝对动态范围的影响

由图 3-23 可知,数字地震仪数据采集站主要由前置放大器与 A/D 转换器两部分组成,下面以 Σ-ΔA/D 转换器 CS5321 为例说明前放增益及输入噪声对地震仪瞬时动态范围的影响。CS5321 为调制器,CS5322 为抽取滤波器,它们共同完成 A/D 转换工作。在 1 ms 采样时,其最大动态范围在满刻度信号 $A_{max}=10$ V(有效值)时为 -121 dB,由此可求得其量化噪

声为 $V_A = 8.91\ \mu V$(有效值)。在实际使用时,为了防止过载失真,最大输入模拟信号 V_{max} 限制在 8.91 V(峰值),即 5.792 6 V(有效值),这样其实际使用的动态范围为 -116.2 dB。目前仪器广泛采用的输入噪声是一种等效输入噪声,定义为在不同前放增益的条件下输入短路时,由 A/D 输出端测得的电压值折合到前放输入端的数值。该等效噪声经前放放大后输入到 A/D,因而可求得仪器的瞬时动态范围 D_R,前放增益 K。A/D 使用的最大输入信号 V_{max} 与等效输入噪声 V_e 之间的关系为

$$D_R = -20\lg\frac{v_{max}}{v_e} + K \tag{3-8}$$

若定义 A/D 的实际动态范围为 D_A(dB),则

$$D_A = -\left(20\lg\frac{v_{max}}{v_A}\right) \tag{3-9}$$

等效噪声增益为

$$D_N = -20\lg\frac{v_A}{v_e} \tag{3-10}$$

则有

$$D_R = -\left(20\lg\frac{v_{max}}{v_A}\frac{V_A}{V_e} - K\right) = D_A + D_N + K\ (\text{dB}) \tag{3-11}$$

定义仪器的动态范围 D 为前放增益与瞬时动态范围之和(注意定义前放增益为正值,动态范围为负值),则

$$D = D_R - K \tag{3-12}$$

表 3-5 给出了某仪器在 1 ms 采样时,前放增益、输入等效噪声以及仪器的瞬时动态范围与动态范围。由表 3-5 及以上公式可以看到,当前放增益较小时,前放输出噪声较小,这时前放的等效噪声增益接近前放增益,仪器的瞬时动态范围主要由 A/D 的动态范围决定。当前放增益较大时,前放输出噪声增大,等效噪声增益小于前放增益,仪器的瞬时动态范围小于 A/D 的动态范围。从表面上看,增加前放增益可增加仪器的动态范围和减少等效输入噪声,实际上这是牺牲仪器的瞬时动态范围换来的,因而过高的前放增益是不可取的。[43]

表 3-5 某仪器在采样间隔 1 ms 时输入噪声与瞬时动态范围(带宽 3~412 Hz)

增益(dB)	等效输入噪声均方值(μv)	瞬时动态范围(dB)	动态范围(dB)	最大输入信号均方值(U)
12	2.30	-116	-128	1.448 155
24	0.811	-113	-137	0.362 038
36	0.404	-107	-143	0.090 509 7
48	0.275	-98.3	-148.3	0.022 627 4

对于前放增益与"系统动态范围"、"有效动态范围"的关系与其跟"瞬时动态范围"的关系是一样的,或者可以将考虑前放增益在内的这种动态范围分别称为"总系统动态范围"、"总瞬时动态范围"、"总有效动态范围"。

以上讨论是基于地震仪整体硬件而言的,但是对于某一次具体的数据采集过程而言,只能采用某一个确定的增益,那么这时候对数据记录质量起主要作用的,仍然是"有效动态范围"。

4. 检波器的灵敏度确定以充分利用 A/D 转换器的动态范围为原则

DSU3 数字检波器与 20 dx 模拟检波器的灵敏度不同,分别是 452 mV/m/s、

20.1 V/m/s,这种差异可以从初至波的幅度上看到(图 3-26)。但是无论灵敏度是多少,接收最强地震波时都应该达到或者略小于 24 位 A/D 转换器的最大量程[图 3-27(a)],以便使得弱信号尽量多地进入 A/D 转换器而不被电噪声及采样噪声所淹没。就单个 20 dx 与单个 DSU3 对比而言,在东营 HJ 地区,DSU3 只浪费了大约 4.5dB 的量程[图 3-27(b)],20 dx 的因为灵敏度较低(单个不组合),所以浪费了约 29 dB 的动态范围[图 3-27(c)];经过 6 个 20 dx串联后,这种情况会有所改善,浪费了大约 13 dB[图 3-27(d)]。所以,在不超过 A/D 转换器动态范围(超调)的情况下,提高模拟检波器的灵敏度有利于增加 A/D 转换器的可用动态范围,提高数据的信噪比,但是应以充分利用 A/D 转换的最大量程为原则(不超调)。

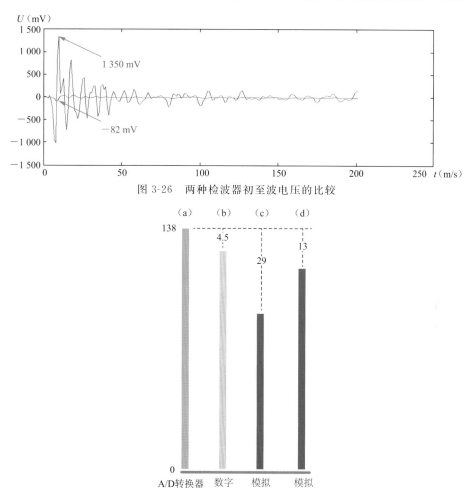

图 3-26　两种检波器初至波电压的比较

图 3-27　不同检波器利用的 A/D 转换器动态范围(以东营 HJ 地区为例)

　　DSU3、20 dx 两种检波器灵敏度不同导致的另外一个比较直观的现象:下雪的时候,DSU3 可以从仪器噪音监视器上看到明显的响应(红色,代表输出电压高),而 20 dx 的反应则远没有那么强烈(绿色为主,代表输出电压低)。这也被认为是数字检波器更有利于拾取弱信号的最直接而感性的证据。但事实并非如此,这种现象仍然主要是由于两者的灵敏度不同导致的(图 3-28)。

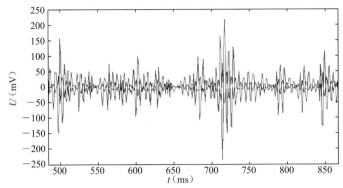

图 3-28　同等激励下,DSU3 输出的电压更高(红:DSU3,蓝:20 dx)

　　尽管两者的灵敏度不同,利用的动态范围不同,但是如果输入机械信号比较强的话,将两种检波器接收到的数据转换为同一个运动域(速度或者加速度),并进行频率响应校正后,其时域波形(图 3-29)与振幅谱(图 3-30)均无太大差异。但是如果输入的机械信号较弱,由灵敏度导致的差异就会显现出来。

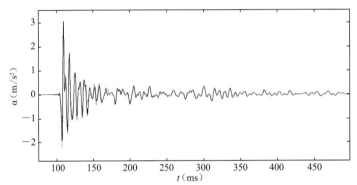

图 3-29　归一化以后(加速度),二者波形基本一致(DSU3:黑,20 dx:蓝)

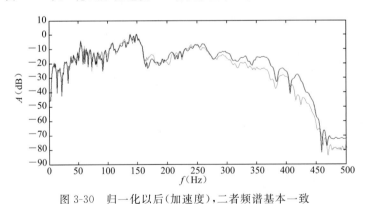

图 3-30　归一化以后(加速度),二者频谱基本一致
(DSU3:黑,20 dx:蓝;150 Hz 以上的差异主要是耦合响应不同导致的)

5. 24 位 A/D 转换对当前地震勘探是适用的

　　从理论上讲,采用 A/D 转换位数越多,可采集数据的动态范围(强弱信号幅度之比的分贝数)越大。但是因为地震检波器拾取的信号既包含有效信号,又包含噪声(环境噪声、次生

噪声、电噪声等),如果增加 A/D 转换器的动态范围后,接收到的数据中含有太多的噪声并且难以被有效衰减,那么采用更多的 A/D 转换位数、更精确地记录振动波形,对于提高信噪比、增强信号识别能力仍然不会有太大帮助。所以,采用多少位的 A/D 转换与所采集数据的信噪比有密切的关系,决定于后续压噪措施可以在多大程度上将信号识别、凸显出来。对于当前地震勘探去噪技术水平而言,24 位 A/D 转换是适用的,32 位 A/D 转换并无助于地震数据信噪比的提高。在这里,"信"指的是有助于识别地质现象的有效反射信号,"噪"则指除有效反射信号以外的全部。

图 3-31 为作者调查的东营 HJ 地区不同强度有效波与干扰波所占据 A/D 转换的位数。从图中可见,环境噪声可以占据到第 9 位;通过后续处理,如果可以将噪声的水平降低大约 20 dB,即相当于噪音占据到 9－(20/6)≈6 位(每一个二进位对应 6 dB),那么在 6 位以下仍然被噪音所占据;而在强噪声地区,噪声占据的数据位数更多。所以,增加 A/D 转换的位数,比如增加到 32 位,其主要作用是更加精确地记录了噪音,对于信号的识别并没有太大帮助。

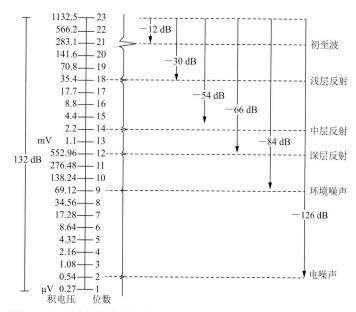

图 3-31 不同强度信号与噪声占据的 A/D 转换位数(23 位数据位)

图 3-32 是一个模拟的结果。由图 3-32 可见,当只有信号、没有噪音的时候,32 位 A/D 转换较 24 位 A/D 转换的确有利于提高信号的保真度(采样噪声小)。但是当加入随机噪声(A/D 转换器最大量程的－80 dB,信噪比非常高),两种 A/D 转换方式对于有效波频谱的影响并无明显差异;并且在某些复杂地区,噪音强度可以达到 A/D 转换器最大量程的－40 dB。在这种噪音水平下,两种转换方式的差异就更小了。提高 A/D 转换位数的作用只是更加精确地记录了噪音(23 位＝1/8388607,32 位＝1/2147483647)。

所以,目前广泛采用的 24 位定点 A/D 转换对于当前石油勘探是适用的。它在处理技术方面取得较大进步,可以将噪音幅度极大衰减(30～40 dB)的前提下,采用更高的 A/D 转换位数,扩大 A/D 转换器的动态范围,不会显著提高对有效信号的识别能力。

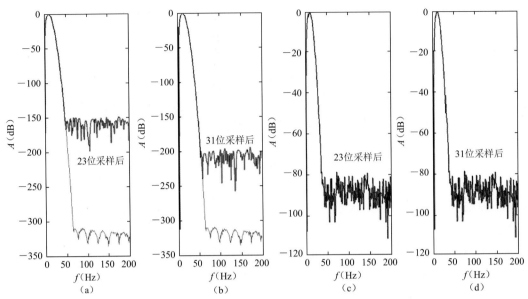

图 3-32　无噪音时定点 23 位(a)、31 位(b)采样与有−80 dB 噪音时定点 23 位(c)、
31 位(d)采样的振幅谱比较

　　基于同样的原因,瞬时浮点记录 14 位对于深层信号的记录也没有明显的优势。

　　24 位定点 A/D 转换器记录浅层强反射时,记录的位数多、动态范围大,但是对于深层反射而言,因信号强度小,所以记录的位数也较少。在这种情况下,如果采用瞬时浮点 A/D 转换方式的话,其可以记录到 14 位,那么是否意味着对于深层反射,浮点记录更有利于提高深层弱信号的动态范围呢? 下面进行分析。图 3-33、图 3-34 分别为浮点 A/D 转换与定点 A/D 转换的原理示意图。

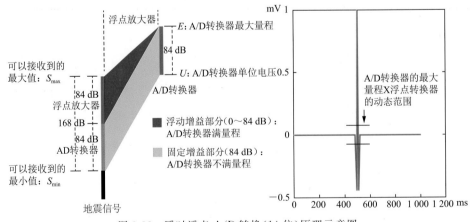

图 3-33　瞬时浮点 A/D 转换(14 位)原理示意图

　　假设某个深层信号反射强度可以达到定点记录的 8 位,同样反射强度如果用浮点记录的话,可以记录到 14 位,看似扩大了动态范围,有利于深层弱信号的记录(图 3-35)。

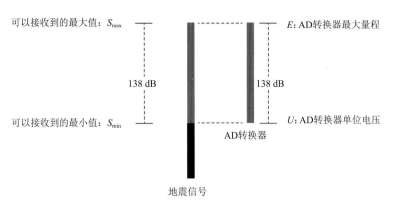

图 3-34　定点 A/D 转换原理示意图

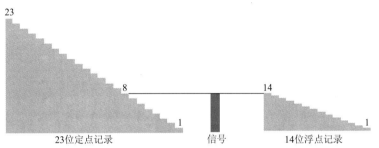

图 3-35　对于深层弱信号而言,定点与瞬时浮点 A/D 转换方式的差异

通过一个模拟(图 3-36～图 3-41)可以看到真实的情形。这里假设三种强度的地震波,分别可以达到定点 A/D 转换器的 23 位(满量程)、14 位(大致相当于浅中层反射)、8 位(相当于深层反射),分为无噪音与−80 dB 噪音(满量程为 0 dB)两种情况。相对实际资料而言,−80 dB 的噪音量级非常小,在野外环境中根本不存在,但可以定性地说明问题。

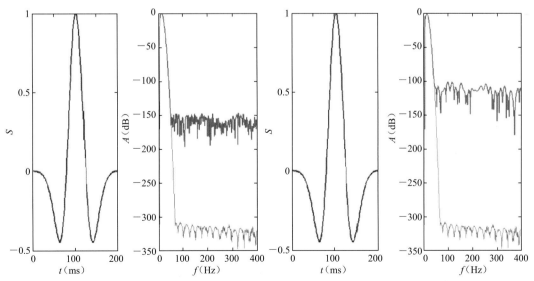

图 3-36　满量程信号时,23 位定点记录(左二图)比 14 位浮点记录(右二图)好(无噪声)

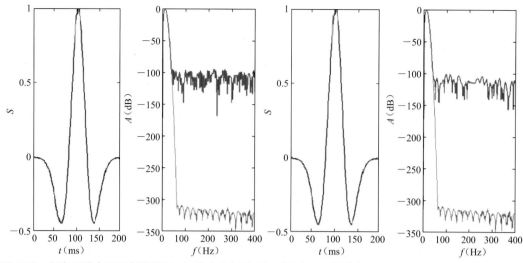

图 3-37　相当于浅中层反射强度时,23 位定点记录(左二图)与 14 位浮点记录(右二图)基本相当(无噪声)

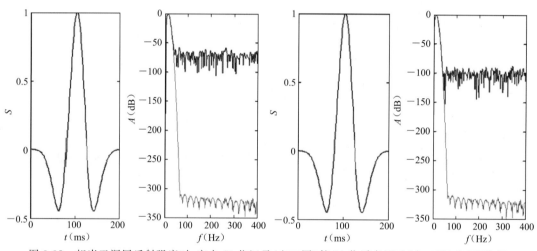

图 3-38　相当于深层反射强度时,定点 23 位记录(左二图)较 14 位浮点记录(右二图)差(无噪声)

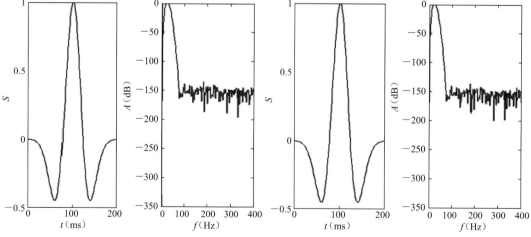

图 3-39　满量程信号、−80 dB 噪声情况下,两种记录方式基本相当(左二图:定点 23 位,右二图:浮点 14 位)

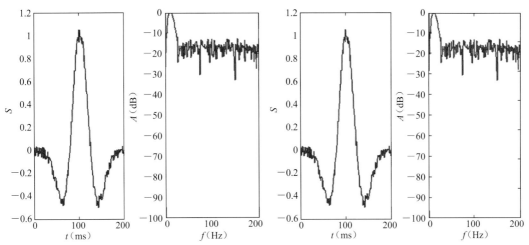

图 3-40　相当于浅中层反射信号强度、−80 dB 噪声情况下，两种记录方式基本相当

（左二图：定点 23 位，右二图：浮点 14 位）

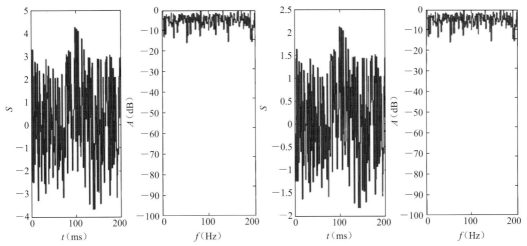

图 3-41　相当于深层反射强度、−80 dB 噪声情况下，两种记录方式基本相当

（左二图：定点 23 位，右二图：浮点 14 位）

所以，由图 3-36～图 3-41 可见，当存在机械噪音（−80 dB）的时候，两种记录方式基本相当，瞬时浮点记录方式在记录深层弱信号方面并无优势。原因是对于深层信号而言，机械噪声太强了，通过现有的去噪手段很难去除干净，进而将由于采样位数提高而接收到的更多弱信号识别出来。在这种情况下，对于弱信号的识别而言，主要矛盾是"地面的机械振动噪音"，而不是由电子元器件带来的热噪声或者由 A/D 转换器带来的采样噪声。

（四）相对动态范围

检波器的谐波畸变指标决定了检波器的动态范围。包括 20 dx 在内的多数模拟动圈式检波器的谐波失真在−60 dB 左右，而数字检波器 DSU3 的谐波失真则只有−90 dB；相应地，20 dx 的动态范围为 60 dB，DSU3 的动态范围为 90 dB（均指检波器自身的动态范围）。但是应该看到，尽管与前述绝对动态范围都属动态范围的范畴，并且单位都是 dB，但是由谐波失真定义的检波器自身的动态范围与由前置放大器、A/D 转换器所决定的绝对动态范围有着很大的差异,其计算公式、决定因素、物理含义均完全不同。如果根据检波器 60 dB 的动态范围远远小于地震仪 138 dB 的动态范围就认为前者动态范围小限制了后者大动态范围发挥作用,是片面的。

所以,为了与由前置放大器、A/D 转换器共同决定的绝对动态范围相区别,笔者将由谐波失真定义的动态范围称为"相对动态范围",因为这个动态范围是随着输入信号的强度而浮动的,不是固定不变的。

如果只是比较 20 dx 与 DSU3 检波器的相对动态范围,显然后者更有利于提高信号的保真度。图 3-42~图 3-45 分别为不同信号强度时,谐波畸变与 A/D 转换后的波形与频谱。其中,红色为原始信号+谐波畸变,蓝色为原始信号+谐波畸变+A/D 转换,左二图为畸变为－60 dB 时的波形与频谱,右二图为畸变为－90 dB 时的波形与频谱。由图 3-42、图 3-43可见,在信号比较强(初至波,浅层反射)时,相应的谐波畸变也比较强,但是－90 dB 的谐波畸变较－60 dB 谐波畸变在更大程度上保留了弱信号的成分;对于中层(图 3-44)以及深层(图3-45)信号而言,由于输入信号比较弱,相应的谐波畸变也比较弱,此时采样噪声的影响就会先显现出来。中层反射线性畸变与采样噪声的量级基本相当(图 3-44),深层反射线性畸变的影响更小于采样噪声,此时主要的矛盾就是采样噪声了(图 3-45)。

但是,因为地震噪声(包括环境噪声、次生噪声以及电噪声)较有效反射波谐波失真产生的噪声(相对于信号而言,谐波失真产生的也是"噪声")要大 1~3 个数量级(图 3-46)。如果将输入信号中加入－80 dB(最大量程为 0 dB)随机噪声的话,无论是初至波(图 3-47),还是浅层反射(图 3-48)、中层反射(图 3-49)、深层反射(图 3-50),－90 dB 还是－60 dB 畸变对于数据的影响都很小,二者采集到的波形、频谱基本相当,因为地震噪声的强度较线性畸变的强度要大几个数量级。左二图为畸变为－60 dB 时的波形与频谱,右二图为畸变为－90 dB时的波形与频谱。所以,在去噪措施没有将地震噪声降低大约 2 个数量级的情况下,检波器的谐波失真由－60 dB 降低到－90 dB 很难表现为数据质量的提高。究其原因,是因为非失真噪声——环境噪声、次生噪声、电噪声——的强度太大了,远远超过了谐波失真所带来的噪声。如果今后去噪手段显著改进,可以大大衰减噪声的时候,检波器谐波失真小(由 20 dx的－60dB 提高到 DSU3 的－90dB)的优势才会显现出来。同时,检波器失真(－60dB 或

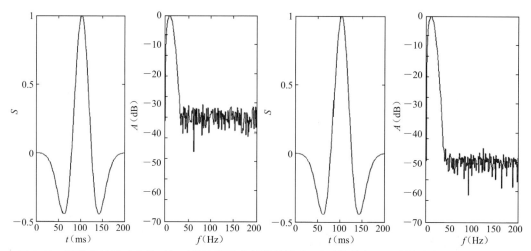

图 3-42　两种检波器畸变量对初至波波形及其频谱的影响(无环境噪音,蓝-采样噪声,红-畸变噪声)

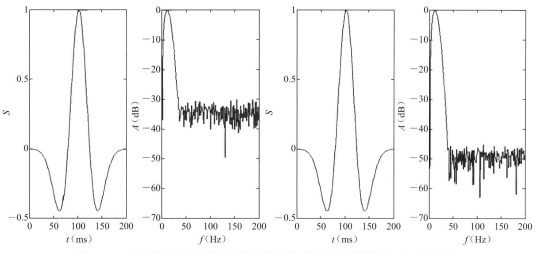

图 3-43 两种检波器畸变量对浅层反射波波形及其频谱的影响(无环境噪音)

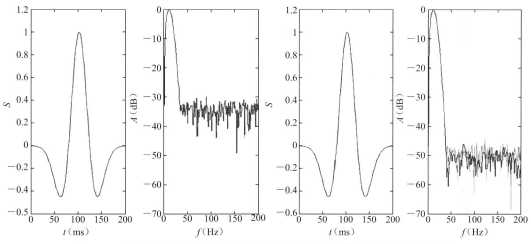

图 3-44 两种检波器畸变量对中层反射波波形及其频谱的影响(无环境噪音)

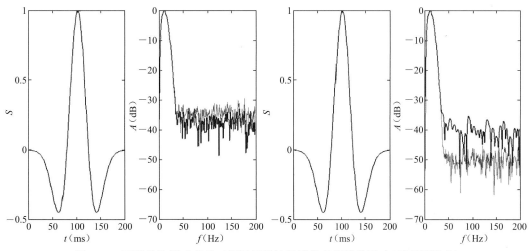

图 3-45 两种检波器畸变量对深层反射波波形及其频谱的影响(无环境噪音)

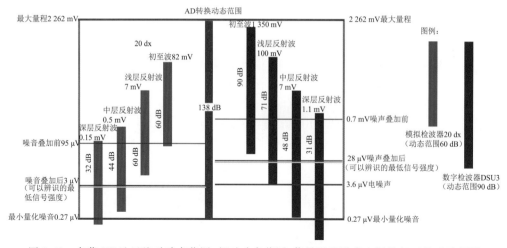

图 3-46　东营 HJ 地区绝对动态范围、相对动态范围、信号以及噪声之间的相互关系示意图

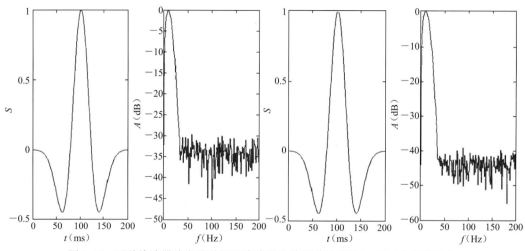

图 3-47　两种检波器畸变量对初至波波形及其频谱的影响（－80 dB 环境噪音）

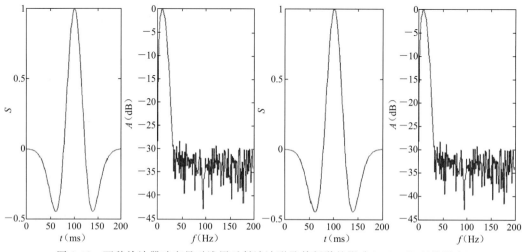

图 3-48　两种检波器畸变量对浅层反射波波形及其频谱的影响（－80 dB 环境噪音）

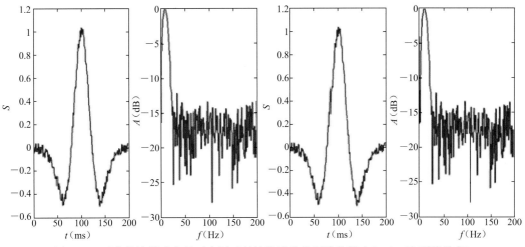

图 3-49 两种检波器畸变量对中层反射波波形及其频谱的影响（-80 dB 环境噪音）

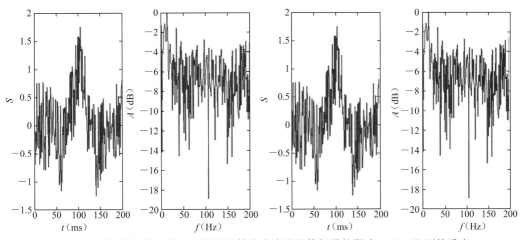

图 3-50 两种检波器畸变量对深层反射波波形及其频谱的影响（-80 dB 环境噪音）

者-90 dB)是在严格的实验室条件下测得的,检波器放置到复杂的野外环境后,由于激发子波、传播路径、吸收介质、地表差异、环境噪声的影响,同一 CMP 道集内中同一反射层的有效反射信号之间的差异很容易超过检波器的失真噪声的量级(-60 dB),使得检波器失真小的优势难以显现。

同时,另外一个需要注意的现象是,检波器自身性能指标(谐波畸变、校准精度、允差等)的提高,往往会受到反射信号本身之间(多次覆盖)的差异以及噪声的影响,而掩盖了性能指标提高带来的好处。

例如,文献[45]指出,因为风化层的差异,在距离炮点距离相同的对称位置(中间发炮,分别为 A 区、B 区),振幅差异明显,B 区初至振幅值为 A 区初至振幅值的 4 倍,B 区目的层 T_1 的反射振幅是 A 区对应位置的 10 倍。这种由于外界因素导致的输入检波器的机械信号本身的差异,使得检波器性能指标提高的正面作用降低了。比如 DSU3 的谐波畸变是-90 dB,但是在输入机械信号的 10 倍(20 dB)差异面前,-90 dB 谐波畸变的保真作用就微乎其微了。因为仅凭室内的处理方法,很难将信号自身之间 10 倍(20 dB)的差异,缩小到一

90 dB 以下。这样 DSU3 谐波畸变非常小就更加难以发挥作用了。

所以，DSU3 数字检波器的"－90 dB 谐波畸变"主要具有实验室意义，在真实的地震数据中，由于噪音的影响，有效信号自身之间的差异，很难对数据质量的提高起到直接的推动作用。

（五）对电磁干扰的响应

文献[34]认为，应用 MEMS 技术的数字检波器 DSU3 不再有任何连接到地震道的电感线圈，所以也就不再受任何电磁干扰信号的影响。但是，实践证明这个结论并不全面。我们曾经在试验中发现，参与对比的 36 组检波器（每组 1 个 20 dx、1 个 DSU3，相距 5 cm）中，大部分组内检波器接收到的地震信号是高度一致的（图 3-51，高频端的差异主要是耦合响应以及电噪声差异导致的），但是部分 DSU3 检波器的确存在某种高频干扰，并且这种高频干扰的幅度非常大（图 3-52）。在同为总数 36 个的检波器集合中，数字检波器存在高频干扰的比例要比模拟检波器高得多（DSU3:12～13,20 dx:2～3）。我们在另外的时间、地点以同样的方法进行过同样的环境噪音接收试验，在两类检波器仍然存在一些差异的同时，这种高频干扰却没有再出现。所以，我们认为这种高频干扰是外界噪声与检波器内部因素相互作用的结果，并且应该是与电磁干扰而非与机械干扰相关的噪声。同时，部分野外生产的记录中出现的工频干扰，也证明了这个问题。以上现象在一定程度上进一步说明了 DSU3 检波器难以对电磁干扰完全免疫，并且这种干扰无疑会对地震弱信号的接收产生影响。

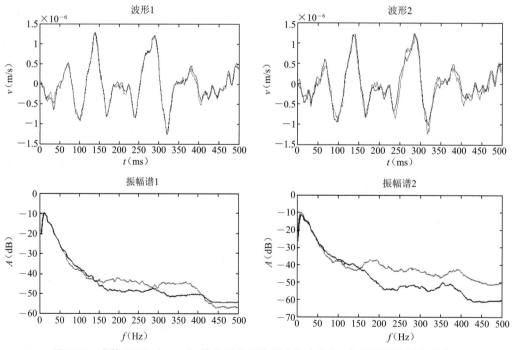

图 3-51　多数 DSU3 与 20 dx 接收到的环境噪音符合较好（高频差异是耦合响应及
电噪声导致的）（蓝:20 dx;黑:DSU3）

（六）组合方式（室内组合或者野外组合）

单点采集具有室内自由组合的优势，但是在有些地区并不能完全摒弃组合——特别是在次生干扰非常严重、信噪比较低的地区，单纯依靠室内手段难以达到有效衰减次生干扰的目的。[41-45]

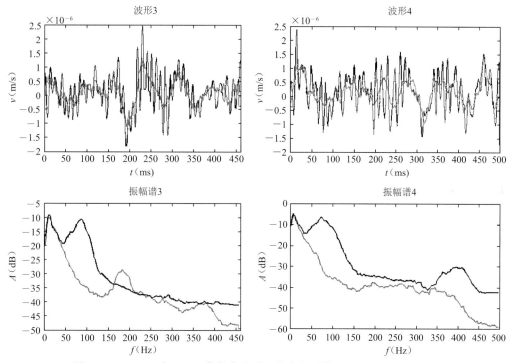

图 3-52　12～13 个 DSU3 数据存在明显的高频干扰（蓝:20 dx，黑:DSU3）

（七）耦合响应

根据第二章所介绍的方法，我们测量了 DSU3、20 dx 两种检波器在东营 HJ 地区普通泥质地表下的耦合响应（图 3-53，通过试验测得垂直分量数据，并去噪、拟合后）。由图 3-53 可见，在低频部分，二类检波器是基本一致的；而在超过 160 Hz 以后，数字检波器 DSU3 耦合响应的振幅曲线要远高于模拟检波器 20 dx。也就是说，在输入相同机械振动（环境噪音＋地震信号）时，数字检波器的高频响应会比较强（这是一种高频畸变，而非高频提升，所以是噪音，是有害的）。当检波器输入信号为小炮检距的初至波时，因为频率高、频带宽、能量强，DSU3 高频响应强的特征就会表现出来，表现为高频段（超过 160 Hz）的振幅稍大［图 3-54(a)］；随着地震信号传播距离的增加，频率会逐渐降低，二类检波器接收到的振动数据就不再表现出明显的高频端的差异［图 3-54(b)、(c)］。

为了排除其他因素的影响，分析了电噪声（图 3-24）与检波器线性畸变（图 3-55）的影响，二者都不至于导致图 3-53 中数量级大约为 10 dB 的差异。这也从另外一个方面证明了耦合效应的影响是客观存在的。

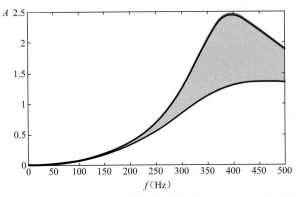

图 3-53　二类检波器的耦合响应(振幅,黑:DSU3;蓝:20 dx)

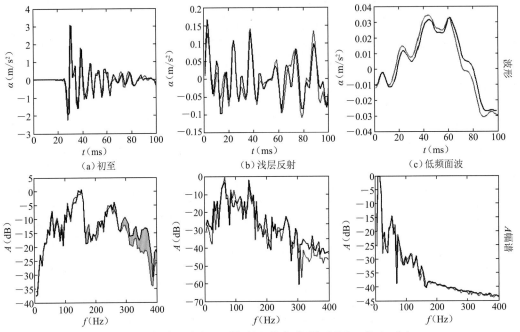

（a）初至　　　　　　　　（b）浅层反射　　　　　　　（c）低频面波

图 3-54　耦合响应在地震资料上的表现(黑:DSU3;蓝:20 dx)

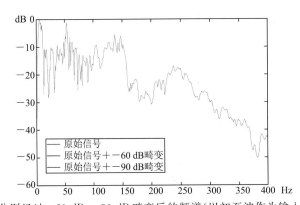

图 3-55　分别经过-60 dB、-90 dB 畸变后的频谱(以初至波作为输入):差别不大

从测量结果来看,DSU3 的耦合响应较 20 dx 要强——主要在高频部分,这在很大程度上抵消了 DSU3 畸变达到-90 dB(20 dx 是-60 dB)的优势。

所以,如果综合考虑"绝对动态范围"中的灵敏度因素以及耦合响应因素,在将 20 dx 的灵敏度提高 6 倍(120.6 V/m/s,或者将 6 个检波器串联)的情况下,可知在 160 Hz 以下 20 dx 的"电噪声"小于 DSU3;同时,在 160 Hz 以上,因为耦合效应的影响,DSU3 的耦合噪声大于 20 dx。也就是说,在这种情况下 DSU3 在整个地震勘探目标频段内都没有信噪比的优势了。

埋置良好的检波器产生的检波器-大地耦合响应可以通过耦合反褶积在一定程度上加以纠正(详见第二章《检波器-大地耦合系统》)。但是,如果检波器埋置很差,在外界振动激励下产生大幅度的不规则次生振动,不能形成稳定的振动模态,这种不良耦合噪音则难以通过耦合反褶积去除。

(八)矢量保真度

DSU3 检波器具有非常高的矢量保真度,无论是埋置倾斜度、幅度校准精度还是直角校准精度都较普通动圈式检波器有了比较明显的提高。文献表明,较高的矢量保真度在处理阶段具有优势,但是从应用效果的角度看结论尚不统一。[46-54]笔者认为,产生这种现象的原因仍然是噪音的强度以及检波器-大地水平方向耦合响应的影响。在信噪比比较低的地区,矢量保真度指标提高的优势被噪声的影响淹没了。水平方向的耦合响应迄今为止尚无确定性的结论可供参考,对水平方向耦合振动特性的影响也不明确。

综上所述,以 20 dx 为代表的模拟动圈式检波器以及以 DSU3 为代表的 MEMS 数字检波器的性能指标及数据表现差异可以总结为表 3-6。

表 3-6　20 dx 与 DSU3 的性能指标及数据表现差异

序号	性能指标	数据表现	综合评价
1	跟踪物理量	对于同一脉冲振动而言,位移、速度、加速度的主频依次提高	(1) 跟踪不同物理量的不同类型检波器比较时,应该将数据放到同一个运动域内进行比较 (2) 在不超过 A/D 转换器最大量程的情况下,位移、速度、加速度检波器没有本质的区别;但是有些情况下位移、速度检波器会因为低频太强而使得有效高频成分超过 A/D 转换的最小门槛而被损失掉;跟踪不同物理量的检波器往往存在不同的机械滤波效应,同时检波器输出数据在不同物理量之间转换时,会受到非机械噪声水平高低的影响
2	频率响应	DSU3 可以接收包括 0 Hz 在内的极低频,而 20 dx 则在 3~4 倍自然频率的范围内存在低频衰减,应在 15~20 倍存在寄生震荡	(1) 模拟动圈式检波器的低频损失可以通过检波器反褶积进行补偿 (2) 由于电噪声等噪音的影响,经过检波器反褶积后仍然难以获得极低频,特别是在输入极低频比较微弱,即机电比很低的时候 (3) DSU3 接收到的是加速度信号,存在高频加强作用,这样在 0 Hz 附近的极低频如果强度不够大的话,就会因为电噪声影响而变得难以识别

序号	性能指标	数据表现	综合评价
3	绝对动态范围（由完成A/D转换的元器件的电噪声强度，前放增益，灵敏度等因素决定）	单个DSU3与单个20 dx检波器比较而言，前者具有高频端优势，后者具有低频端优势	（1）提高A/D转换器位数在信噪比低、去噪能力有限的情况下，难以发挥作用 （2）同为24位A/D转换时动态范围决定于电噪声的大小 （3）灵敏度设计要以充分利用A/D转换器的动态范围为原则 （4）提高20 dx的灵敏度有助于提高其低频端的优势，扩展其绝对动态范围
4	相对动态范围（由谐波失真定义）	DSU3失真小的优势主要表现在实验室中噪音非常小的环境下，野外正常环境噪声背景下表现不明显	（1）相对动态范围大的优势主要体现在极高信噪比的近炮检距 （2）多数地震勘探资料的信噪比太低，外界噪声的影响远远超过了失真所带来的噪声
5	对电磁干扰的响应	均对电磁干扰有响应，但有差异，有待进一步试验、研究	减少模拟电路比重有助于减少电磁干扰，但不能完全消除
6	组合方式	单点具有室内组合的优势；野外组合可以在某些情况下发挥作用	大地吸收强烈、次生干扰严重、低信噪比地区，单点接收的优势难以显现
7	耦合响应	超过160 Hz以上（东营HJ地区），DSU3因为耦合能力差而表现为高频噪声强；但是在地震勘探的目标频段内二者差异不大	通过改进外形、质量、材质等可以使得检波器更小、更轻、更好耦合，进而减小高频端的耦合噪声
8	矢量保真度	DSU3具有优势，但是结论并不统一，有待研究	在好的室内处理方法的前提下，更好的矢量保真度有助于提高处理效果；但信噪比较低时则不能发挥作用

第三节　补偿动圈式检波器低频损失的方法——检波器反褶积

普通动圈式检波器不同于MEMS数字检波器的一个显著特点是速度型检波器，即输出的电压与速度数据在一定频带内具有线性关系；而MEMS数字检波器为加速度检波器，其输出的电压值与加速度在一定频带内具有线性关系。二者的频率响应分别表示为

$$H_a(\omega)=\frac{-\omega^2}{-\omega^2+2\cdot\zeta\cdot\omega\cdot\omega_n\cdot j+\omega_n^2}\quad\text{（3-13，动圈式模拟检波器）}$$

$$H_d(\omega)=\frac{\omega_n^2}{-\omega^2+2\cdot\zeta\cdot\omega\cdot\omega_n\cdot j+\omega_n^2}\quad\text{（3-14，MEMS数字检波器）}$$

式中，H_a、H_d——分别为两种检波器的频率响应；

ω——角频率；

ζ——阻尼系数；

ω_n——自然频率；

j——虚数单位。

两种检波器对应的幅频曲线与相频曲线见图 3-56。

由图 3-56 可见，MEMS 检波器无论在相频特性还是幅频特性方面均优于普通动圈式检波器，在地震勘探频带内基本没有畸变，而动圈式检波器则存在很大的畸变（图 3-56 中灰色阴影部分）。

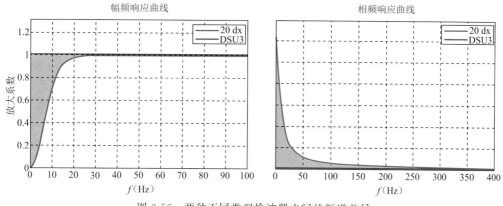

图 3-56 两种不同类型检波器之间的频谱差异

笔者认为，动圈式模拟检波器的低频畸变可以在一定程度上通过检波器反褶积（即根据检波器已知的频率响应，利用反褶积的方法，消除检波器滤波效应，补偿其损失的低频信息）加以纠正，进而取得与 MEMS 数字检波器基本相当的低频接收效果。

反褶积根据获得因子的方式不同可以分为确定性反褶积与统计性反褶积。文献[55,56]采用统计性反褶积的方法进行动圈式检波器的低频信息补偿。但是统计性反褶积存在两个问题：① 需要低频无衰减或者衰减非常小的检波器作为期望输出，这在很多情况下并不易获得；② 期望输出与被反褶积信号都会受到噪声的影响，信噪比都比较低，补偿因子难以保持稳定。检波器作为一个传递系统而言，其传递函数（频率响应）是已知的，所以应该用确定性反褶积来进行低频信息的补偿。

但是，如果采用确定性反褶积进行低频信息补偿，一个很重要的问题是，实际在用的每个检波器的参数（阻尼、自然频率、灵敏度等）会随着时间、环境等因素变化，与出厂标称值之间存在允差（Tolerance），而随时测得每个检波器的相关指标在目前技术下是不可能的。允差的存在会使得确定性反褶积的效果降低。同时，受动圈式模拟检波器工作原理的限制，即使在检波器指标合格，并被垂直、紧固地埋置于地面的情况下，低频信息（主要在 $1\sim3$ Hz 及以下）也会被大幅衰减，低于这个频带的机械振动（包含机械信号与机械噪声）的强度较非检波器机械振动系统输出（表现为噪声，比如热噪声，或者检波器耦合不好时的脱耦噪声以及采样噪声等，简称非系统噪声，图 3-57）的强度会大大降低。因为"反褶积不会改变某个频率的信噪比（此处可以理解由检波器正常输出的机械信号转换而来的电信号与非检波器机械振动系统输出的电信号的比例）"，如果前者较后者更弱，该频段就难以通过反褶积加以恢复。

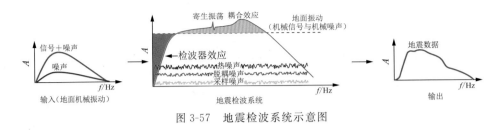

图 3-57 地震检波系统示意图

所以,本书将重点讨论两个因素,允差与非检波器机械振动系统输出,对检波器反褶积低频信息补偿作用的影响。

因为在非系统噪声的各类噪声中,热噪声具有一定的代表性,并且在极低频(1~3 Hz及以下)占据了很大的比例,所以下面以热噪声为例,讨论非系统噪声对检波器反褶积的影响。

一、允差的影响

检波器标称值与实际值之间的差值被称为允差,每个检波器参数的实际值都是随着时间、环境的变化而改变。工业用普通动圈式检波器的允差通常为 5%,而允差更小的检波器(比如 2.5%)被称为超级检波器或者高精度检波器。超级检波器指标方面的进步主要表现在三个方面:自然频率、阻尼、灵敏度(表 3-7)。

表 3-7 超级与普通检波器指标对比

检波器型号 参数	PS-10ES 超级检波器	20DX-10 Hz 常规检波器
自然频率(Hz)	10±2.5%	10±5%
线圈电阻(Ω)	375±2.5%	开路:375±5% 并 1 K:283±5%
灵敏度(V/m/s)	28.8±2.5%	28±5%
并电阻灵敏度(V/m/s)	20.9±2.5%(1 000 Ω)	20.1±5%(1 000 Ω)
开路阻尼	0.25	0.3±5%
并电阻阻尼	0.686(0~+5%)(1 000 Ω)	0.705±5%
谐波失真(%)	≤0.1	≤0.2
假频(Hz)	>240	>200
最大限位(mm)	2	1.5
惯性体质量(g)	11	11
外形尺寸($d \times h$)(mm)	25.4×32	25.4×34
适用温度	−40 ℃~100 ℃	−40 ℃~100 ℃

因为灵敏度的变化对于检波器输出电压的影响相当于一种乘的关系,所以在目前以多次覆盖为基础的勘探背景下,无论是 5% 的灵敏度允差,还是 2.5% 的灵敏度允差,灵敏度的影响无疑可以通过统计效应加以消除;所以本部分主要讨论检波器自然频率与阻尼两个因

素对地震数据的影响。

如果检波器自然频率以及阻尼存在允差,其幅频和相频曲线都会相应地偏离检波器标准的响应曲线,几乎每一个检波器都会有一条自己的响应曲线(图 3-58)。

在多个检波器信号叠加的前提下,可以模拟计算同一个机械振动信号(相当于地面振动,图 3-59 上)输入不同允差检波器后得到波形(图 3-59 中、下)。由图 3-59 可见,雷克子波经过检波器后,即使检波器没有允差,其波形仍然发生了较大的变化(图 3-59 中,这是由检波器滤波效应造成的);存在不同允差时,不同检波器输出的波形不同(图 3-59 下),这就是允差带来的影响。

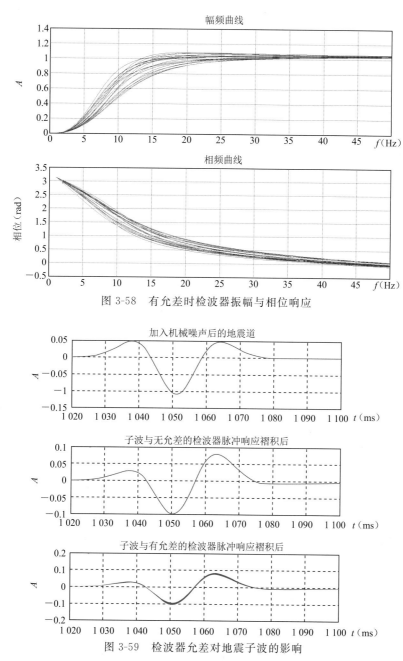

图 3-58 有允差时检波器振幅与相位响应

图 3-59 检波器允差对地震子波的影响

对于动圈式检波器而言,其频率响应为公式(3-13);如果存在允差,则相应地变为

$$H_{ae}(\omega) = \frac{[\omega_n(1 + er_{\bar{\omega}})]^2}{-\omega^2 + 2 \cdot \zeta(1 + er_{\zeta}) \cdot \omega \cdot \omega_n(1 + er) \cdot j + [\omega_n(1 + er_{\bar{\omega}})]^2} \quad (3-14)$$

如果仍然采用标称的参数进行反褶积,则此时检波器反褶积的频率响应可以表达为

$$H(\omega) = \frac{H_{ae}(\omega)}{H_a(\omega)} = \left(\frac{[\omega_n(1 + er_{\bar{\omega}})]^2}{-\omega^2 + 2 \cdot \zeta(1 + er_{\zeta}) \cdot \omega \cdot \omega_n(1 + er) \cdot j + [\omega_n(1 + er_{\bar{\omega}})]^2} \right)$$

$$\cdot \frac{-\omega^2 + 2 \cdot \zeta \cdot \omega \cdot \omega_n \cdot j + \omega_n^2}{\omega_n^2}$$

$$(3-15)$$

公式(3-14)、公式(3-15)中,$H_{ae}(\omega)$为存在允差时检波器的频率响应,$H(\omega)$为存在允差时检波器反褶积的频率响应,$er_{\bar{\omega}}$为自然频率允差,er_{ζ}为阻尼允差,其余参数同公式(1)。

公式(3-15)的幅频特性、相频特性以及相移曲线见图3-60。由图3-60可见,如果检波器存在+5%误差(此处不是允差),但仍然用检波器的标称值进行检波器反褶积时,其振幅在10 Hz以下最多可以产生10%的振幅衰减(图3-60上)、最大0.08的相位增加(图3-60中)以及10 Hz附近1 ms的时移(图3-60下)。这看起来是一个比较严重的结果,使得人们担心在存在允差的情况下,用标称参数对检波器接收数据进行检波器反褶积会产生较大的误差。这也是人们倾向于采用更小允差检波器的论据之一。

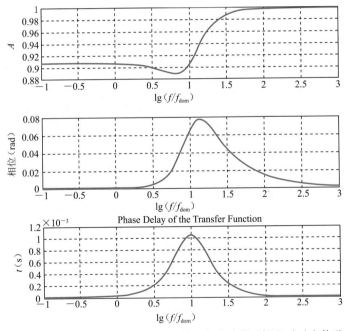

图3-60 存在5%误差,但仍然用检波器标定值进行检波器反褶积时对应传递函数幅频、相频以及相移曲线(f_{dom}为自然频率)

但是,当前的地震勘探是建立在多次覆盖基础上的。多次覆盖是衰减噪声的最有效方法之一。对于每一个面元内所包含的同一目的层反射的反射波而言,是由同一道内多个检波器以及同一道集内多个接收道叠加而成;所以,考察允差对检波器滤波效应以及检波器反褶积的影响,应该站在多次叠加基础上、统计意义上考虑问题。所以,考察允差对子波波形

的影响,应该将多个检波器的输出进行累加,然后与不存在允差的检波器输出波形进行比较,才能判断允差对于多次叠加后地震数据的最终影响。

假设某种检波器的允差在 5% 以内,另外一种检波器的允差在 2.5% 以内,其允差符合具有各态历经性质的平稳随机分布,可以计算出经过检波器允差影响后的检波器输出(图3-61,振幅谱)。由图 3-61 可见,在统计效应的作用下,5% 允差(蓝线)与 2.5% 允差(粉线)以及不存在允差时(绿线)的振幅差别非常小。所以,在统计效应的作用下,5% 允差与 2.5% 允差的数据意义是基本一样的;但是当允差增加到 10%(黑线)甚至 20%(红线)时,振幅误差就会大大增加,此时允差对于地震信号的畸变作用就不容忽视了。

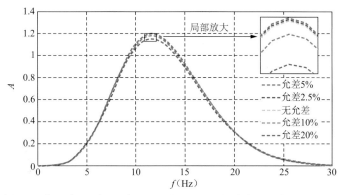

图 3-61 允差分别为 2.5%、5%、10%、20% 以及无允差时 20 个检波器组合后的振幅谱 30 Hz 雷克子波

所以,由于统计性效应,无论是灵敏度,还是自然频率、阻尼方面允差的影响,均不会对地震波形产生较大的影响,发展更小允差的"超级检波器"或者"高精度检波器"并无必要,仅具有"指标意义",不会体现到数据的精确度上。

同时,目前在野外施工中,检波器组合不可能被摆放到一个标准的水平面上,组内高差 1 m 在东部地区是一个较为普遍的施工标准。如果此时低速带的速度大约为 300 m/s,那么道内时差就会达到 3 ms,远远超过了检波器反褶积所带来的 ±1 ms 误差;同时,叠加道集内反射信号自身的差异、环境噪音以及检波器-大地耦合条件的差异都会产生远大于允差 5% 所产生的影响;图 3-62 为超级检波器(允差 2.5%,蓝)与普通检波器(允差 5%,红)的实际数据比较(二者相距数 cm),由图 3-62 可见,无论波形还是频谱都非常相似。

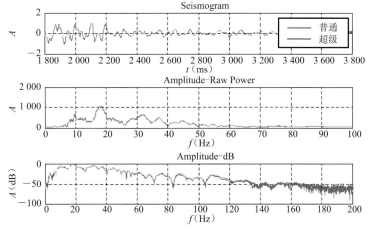

图 3-62 36 个普通(允差 5%)与超级(允差 2.5%)检波器组合后波形与频谱

既然允差 5%、2.5% 以及无允差(标称值)的检波器在经过多个检波器组合后输出基本一致,那么根据标称值对多个检波器组合输出信号进行检波器反褶积的结果就是可靠的。

二、非检波器机械振动系统输出噪声(非系统噪声)

受当前技术手段的限制,由震源激发的、地面地震波机械振动的检测只能通过具有机电转换能力的检波器进行间接测量。地面振动中携带了人们期望识别的地球物理、地质信息,是人们希望得到的(当然其中的噪声是不希望的)。但是,在将地面振动转换为磁带数字数据的过程中,不可避免地也会产生噪声(除有效反射以外的所有信息都可以被视为噪声),比如耦合条件差导致检波器摇晃产生的脱耦噪声、良好耦合情况下产生的耦合噪声、检波器歪斜而产生的检波器机械系统畸变噪声、机电转换过程中产生的热噪声、模数转换过程中产生的采样噪声等。以上噪声都不遵循检波器机械振动系统的传递规律,所以在根据检波器传递函数进行检波器反褶积的时候,都可以被视为噪声。由于地面机械振动中所包含的面波、折射波、次生干扰等噪声遵循检波器传递响应的规律,在进行检波器反褶积的时候,可以不被视为噪声(尽管在最终处理过程中仍然将其视为噪声,见图 3-57)。

在检波器指标合格、被垂直埋置并与地面良好耦合的情况下,脱耦噪声、机械系统畸变噪声以及采样噪声均比较微弱,耦合噪声主要影响数据的高频段,所以下面以热噪声为例说明非系统噪声对检波器反褶积的影响。

目前仪器广泛采用的输入噪声是一种等效输入噪声,是由各种电子元件产生的、换算至入口处的热噪声,为在不同前放增益的条件下,当输入短路时,由 A/D 输出端测得的电压值折合到前放输入端的数值,一般为数微伏。该等效噪声经前放放大后输入 A/D,决定了地震仪的动态范围(表 3-8,以 428XL 为例)。

表 3-8　428XL 地震仪的动态范围

检波器/采样率	入口噪声～最大量程	动态范围
DSU3/4 ms	1.8 μV～2 262 mV	122 dB
DSU3/1 ms	3.6 μV～2 262 mV	116 dB
20 dx/4 ms	0.45 μV～2 262 mV	134 dB
20 dx/1 ms	0.9 μV～2 262 mV	128 dB

从时域来看,往往即使深层反射也会较热噪声的强度强许多倍(图 3-63),所以很多时候热噪声对地震数据的影响会被忽略。但是,当采用动圈式模拟检波器并企图用检波器反褶积恢复低频信号,特别是 1～3 Hz 及以下的低频信号的时候,热噪声的影响就会显现出来。

从机电转换的角度来说,地震仪输出的数据包含两部分:机械振动转换来的电信号与检波器、地震仪产生的热噪声。前者包含机械有效信号与机械噪声;后者则是由设备产生的热噪声,是有害的,所以越小越好。

对于检波器传递函数而言,其反应的是机械振动系统的特性,通过这个系统的机械信号都服从该系统的传递规律。因为检波器脉冲响应是最小相位的,如果不存在电噪声以及其他因素影响的话,可以通过脉冲反褶积将该系统的输出信号基本上恢复为系统的输入信号。但是,电噪声并不服从检波器机械系统的传递规律,如果在某个频段(比如 1～3 Hz 以及以下),机械信号转换而来的电信号较热噪声转换来的电信号(二者对比关系可以称为"机电比":某个确定频率下由机械信号转换而来的电信号与转换过程中产生的热噪声误差之间的比值,图3-64)不够强时,将数据做检波器反褶积后,低频端的信号会存在过补偿的现象(图3-65左图),这是由于低频端机电比较低导致的——因为反褶积不会改变单个频率的信噪比(这里应该理解为机电比)。但是,当机电比较高的时候,通过检波器反褶积可以较好地恢复地震机械振动信号(图3-65右图)。

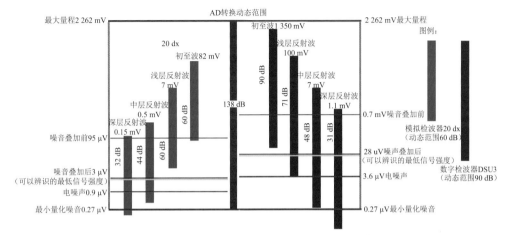

图 3-63 东营 HJ 地区信号与噪声强度的相对关系

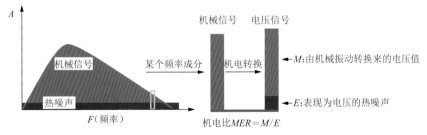

图 3-64 机电比的定义

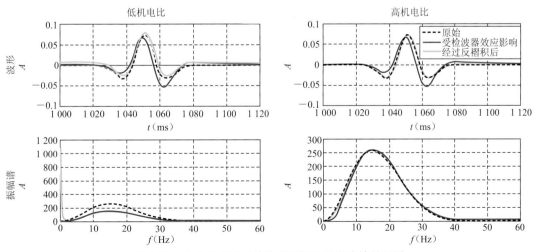

图 3-65 机电比不同对检波器反褶积的影响效果不同

　　图 3-66 是实际资料的一个例子。数据用 MEMS 数字检波器(DSU3)与动圈式检波器 (20 dx)比较,每组一个 20 dx、一个 DSU3,二者相距大约 10 cm,共计 36 组。将 36 组数据 叠加后作为一个组合道输出。图 3-66 可见,无论是近炮检距的浅层反射,还是远炮检距的 深层反射,动圈式检波器 20 dx 经过检波器反褶积后与 MEMS 数字检波器输出数据在低频 部分吻合度很高,说明了检波器反褶积对于低频信号的补偿是正确的、有效的(因为 MEMS 数字检波器 DSU3 在低频端没有衰减)。

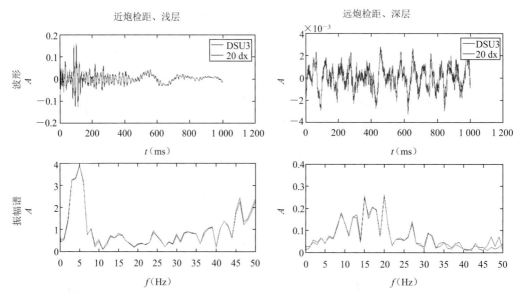

图 3-66　某地区检波器反褶积的实际效果(分别为 36 个单点检波器组合,加速度域)

　　所以,对于曾经使用动圈式模拟检波器施工过的地区,可以对记录进行检波器反褶积, 达到与 MEMS 检波器基本相当的低频接收效果。但是,在某些地区如果深层反射太弱,或 许会出现"过补偿"的现象,需要根据具体工区的反射强度而定。

　　从提高低频段机电比、进而提高检波器反褶积的效果的角度而言,可以采取 3 种方法。

　　(1) 降低动圈式模拟检波器主频。在相同灵敏度的情况下,4.5 Hz 主频检波器较 10 Hz 检波器机电比大约提高 5 倍,但随之带来的是检波器使用寿命降低,价格大幅增加。

　　(2) 提高检波器的灵敏度。该方法非常有效,但是会受到地震仪动态范围的限制。

　　(3) 提高地震仪的动态范围。但设备制造工艺以及成本等方面是否可行有待研究。

　　如果震源激发的低频信息足够强,保证低频段有较高的机电比,以上措施就没有必要 了。

　　由图 3-66 可见,从单道层面上来讲,动圈式模拟检波器 20 dx 经过检波器反褶积后,其 低频端与 MEMS 数字检波器 DSU3 几乎重合;同时进行了单炮的比较(图 3-67),可见二者 非常一致。

　　在经过以上理论分析与实践验证证明了检波器反褶积的正确性与有效性后,对某地区 的一条二维线进行了检波器反褶积处理。从处理的初叠加剖面对比(图 3-68)来看,信噪比、 同相轴连续性以及深层成像效果均有了很大提高。

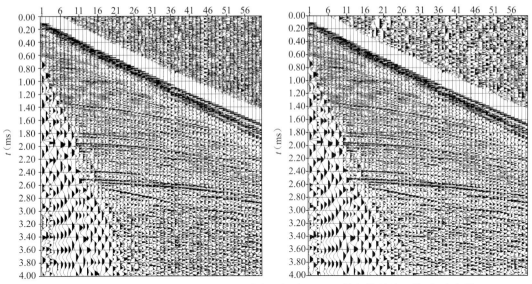

图 3-67　经过检波器反褶积后的 20 dx 数据（右）与 DSU3 数据的单炮比较（加速度域）

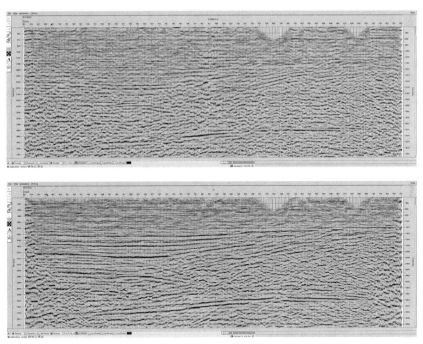

图 3-68　检波器反褶积前（上）后（下）的初叠加剖面对比

第四节　结束语

地震检波器是石油勘探野外采集中最重要的设备之一，其性能指标直接关系到接收数据的质量。在当前的野外施工中，以 20 dx 为代表的动圈式模拟检波器占主流；同时，随着科学技术的发展，依托不同的技术平台，也涌现了很多其他类型的检波器，比如 MEMS 数字检波器 DSU3 等,为地震采集工作提供了更多的选择。

(1) 两类典型检波器(20 dx、DSU3)的比较。

在进行以 20 dx、DSU3 为代表的两类检波器比较时应该做到以下 3 点。

① 野外检波器对比时应该遵循点对点的原则,即单个检波器对单个检波器(相距 10～30 cm)。如果采取检波器串对单个检波器的方式,组合效应会使得试验结果变得模糊不清。

② 不同检波器之间的比较应该保持单一的变化因素,即除了检波器之外,其他任何因素都是一致的。在不同检波器、不同施工方法、不同处理手段的情况下,得出的关于检波器本身的结论是不科学的。

③ 检波器的比较应该将不同类型检波器数据进行可比化后进行。比如,进行 20 dx 模拟检波器与 DSU3 数字检波器对比之前,应该首先将数字检波器数据做积分,得到数字检波器的速度数据;然后将数字检波器进行检波器滤波,即将数字检波器数据通过一个等同于模拟检波器滤波效应的滤波器。或者首先将模拟检波器的数据做微分,得到模拟检波器的加速度数据;然后将模拟检波器的加速数据进行检波器反褶积,补偿检波器所损失的低频成分。

通过两类典型检波器的比较,可以发现以下两点。

① 动圈式模拟检波经过多年的应用,从理论认识到实践操作都非常成熟,但是容易受到电磁干扰、信号串音、漏电等现象的影响。受其工作原理方面的限制,难以在电学指标方面与数字检波器相比较。但是对于陆上石油勘探而言,存在信号频率低(200 Hz 以下)、信噪比低的特点,在去噪技术没有重大突破的前提下,仍然可以满足要求。但对于该类检波器来说,工频等干扰难以避免;同时,在有效波没有完全利用地震仪动态范围的情况下,灵敏度有待于进一步提高,进而提高有效信号较电噪声的信噪比。

② DSU3 数字检波器确实在电学指标方面取得了一些进步,尤其在灵敏度、线性畸变、线性频带范围、矢量保真度等方面;但是,数字检波器在耦合效应、一致性、稳定性或者抗干扰能力存在一些问题,需要进行诸如降低质量、改善外形、增强耦合效果、进一步降低电噪声、提高一致性以及抗干扰能力等方面的改进,才能取得系统性的进步。同时,从应用的角度来讲,DSU3 检波器的真正优势在低频,不在高频。应该重点关注其在速度域 1～10 Hz 频带内的信号。

(2) 检波器反褶积。

① 在机电比有保证的前提下,检波器反褶积可以安全地恢复动圈式检波器损失的低频成分。

② 提高检波器的灵敏度或者将检波器串联,可以显著地提高机电比,进而提高低频恢复效果。

③ 在采用动圈式模拟检波器进行了数十年勘探以后,可以将以往数据(没有施加低截滤波的部分)进行检波器反褶积,补偿低频成分,然后进行重新处理、解释,进一步提高勘探效果。

(3) 陆上石油勘探对检波器的要求。

① 优良的性能指标是确保数据质量的基础。首先,畸变、频带范围、灵敏度等电学指标是确保信号保真度的重要保证,其指标越高,信号的保真度越好。但是检波器设计所采用的参数要考虑到采集阶段的信噪比及处理阶段对噪声的衰减程度,电学性能指标的提高必须

在原始信噪比较高、去噪能力持续改进的前提下，才能显现作用。在地震勘探工程其他环节条件不衔接的情况下，单纯追求非常小的失真或者非常大的动态范围等电学指标的提高——比如畸变为－160 dB 的检波器以及 32 位 A/D 转换器——往往难以表现为地震数据质量的系统性进步。其次，无论速度型检波器或者加速度型检波器，只要忠实地记录大地振动就是好的检波器，加速度接收不能主动地提高反射波主频。影响信号接收质量的关键是机电比。最后，数字化不能带来数据的根本性变革。任何数字信号最初都来源于模拟信号。在当前去噪能力下，数字化的主要意义是工程意义，而不是数据意义。借由数字化，进而实现检波器的小型化、无缆化、机械化，大面积推广检波器的机械埋置代替人工埋置，可以在确保质量的前提下提高效率，节约施工成本。

② 耦合性能的提高有助于提高高频端的数据保真度。耦合能力差会导致更多的高频端噪声；改进与检波器耦合性能有关的外形、质量、材质等参数，使检波器更轻、更小、更好耦合的设计有利于减小这种噪声。

③ 耐用性、经济性。

（4）在当前去噪能力下，10 Hz 动圈式检波器仍然是高效率检波器。

高效率包括 3 个层面的含义：数据质量合格，施工简便，价格合理。以 20 dx 为代表的动圈式检波器，在当前去噪能力的前提下，既可以通过耦合反褶积有效恢复大约 1 Hz 以上的低频信息，又可以改装为测耦检波器（单点采集较串采集灵敏度会降低，可以相应地提高地震仪前放增益 12～24 dB）。这样的话，就可以充分利用已有的大量该型检波器，在节约成本的基础上，确保数据质量，提高监控效率。提高检波器的灵敏度 4 倍以上也有一定意义。

当前多数新型检波器的努力方向都是改进检波器的机电效应。之所以它们难以取代传统的动圈式检波器在野外施工中的主导地位，根本原因是因为石油勘探中以机械噪音为主的噪音太强了。

第四章 组合图形的空间展布

地震勘探发展的历史就是与各种干扰波做斗争的历史。检波器组合及组合爆炸通过压制沿地面传播的各种干扰波,对提高信噪比起到了十分重要的作用,是野外采集阶段衰减噪音最重要的手段之一。如果没有组合的效果,可能至今我们在许多工区仍然得不到有效的野外记录。

20世纪60年代,从"大庆会战"开始到"华北会战",我国几乎所有地震队基本上都采用24道光点地震仪,道距25 m,3个检波器组合,单井激发,这些施工因素在上述地区得到了较好的地震记录。这个时期人们在思想上认为干扰波是面波及多次反射、折射波,它们都是从炮点出发,因此需要采用沿大线布设的直线组合。

1964年,在"华北会战"中,李庆忠院士和俞寿朋先生在胜利油田用0.5 m小道距、6 m排列证实了次生干扰波的存在,因此提出8个检波器的面积组合。但是,因为面积组合在施工中比较复杂,所以后来一直没有被认真地推行。20世纪80年代以后,地震技术迅速发展,多次覆盖技术的推广,三维地震勘探技术的迅速发展,以及60道、120道乃至数千道磁带地震仪的使用,使我们的道距普遍由50 m缩小到25~30 m,检波器组合也偏向于24~36个直线两三排的组合(但垂直测线方向的跨距 L_y 一般不超过10 m),沿测线方向的跨距 L_x 一般为25~30 m(据李庆忠)。近年来,在一些地表复杂、次生干扰波发育的地区,则采取了垂直排列拉开较大跨距的组合方式,取得了较好的效果。

组合基距、组内距、检波器数量、组合高差、组合形式等检波器组合要素以及施工地区的地上、地下地质条件,特别是噪音的类型与强度,在很大程度上决定了组合衰减噪音的效果。

第一节 横向拉开组合的重要性

检波器组合主要利用有效波与干扰波在传播方向,即视波长上的差异压制干扰波、突出有效波、提高信噪比。多年来,在我国的大部分探区,多采用主要沿排列方向(in-line)拉开的组合方式进行野外采集工作。这种组合方式主要压制沿 in-line 方向传播的原生的规则干扰波及随机干扰波,对垂直排列(cross-line)方向传播的次生干扰波则无能为力;而在某些次生干扰波非常发育的地区,例如我国西部的某些地区,强烈的次生干扰是提高信噪比的最大障碍,需要采取具有针对性的施工方法对次生干扰进行有效的压制。但是,在实际工作中,一方面很多人仍然没有认识到次生干扰波的严重破坏作用;另一方面由于习惯做法的影响及野外布线难度较大,使得一些能够克服垂直排列方向次生干扰的手段无法在施工中得以实践,阻碍了采集质量的进一步提高。[57]

一、次生干扰波的特点

长期以来,众多的科研人员为了克服地震勘探中的各种干扰波,进行了很多尝试与探索。次生干扰波是各种干扰波中最具有破坏性的一种,特别是在复杂地表地区,一直是影响地震资料质量的重要因素。次生干扰是震源激发后地震波在传播过程中遇到一定的客观条件而产生的次一级干扰,无论在空间上还是在频率域的分布方面都与有效波非常接近,严重地干扰了有效信号。尤其在地表复杂地区,强烈的次生干扰不仅降低了地震资料的信噪比,也降低了分辨率。近年来,随着油气勘探对地震技术要求的不断提高,高分辨率地震勘探、深层地震勘探的广泛应用和山地地震勘探的不断深入,次生干扰问题越来越受到广大地球物理工作者的重视,并且进行了一系列的研究,取得了一定的研究成果。

早在 20 世纪 80 年代初期,李庆忠院士就对各种次生干扰做了细致的分析研究,并且在文献[58]中对次生干扰的类型划分、复杂表现、压制方法结合大量试验、实例进行了论述,文中的观点和结论直到今天仍然对次生干扰的分析、研究起到很大的指导作用。

(一)次生干扰波的形成和分类

野外采集时,震源激发后,大地开始震动,引起地表每一个与大地耦合不良的部分产生对地的重新锤击,形成了所谓的次生干扰波(图 4-1)。

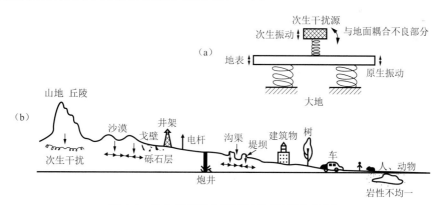

图 4-1　次生干扰产生原理示意图(据李庆忠)

图 4-2(a)说明了垂直方向灵敏的检波器所易于接收的 4 种地震波。相反,直达纵波、折射横波以及 PS 反射转换波等到达地表检波器的时候,是接近水平方向横向振动的。因而不是垂直检波器易于接收的波。

图 4-2(b)是次生干扰的分类及地下射线路径示意图。按次生波的传播速度可分为 3 类:次生面波(次生低速干扰)、次生折射波(及次生高速干扰)及次生反射波。最后一种波的强度一般很弱,可以忽略。但由强反射波所激发的多次反射,往往是不可忽略的。

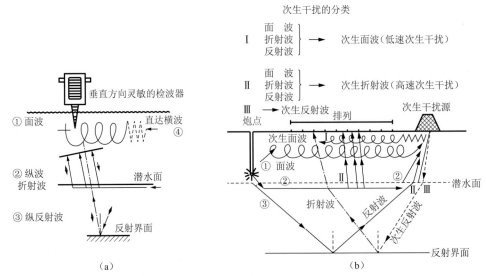

图 4-2　次生干扰的分类（据李庆忠）

激发次生干扰的原生波可以是面波、折射波或反射波。次生低速干扰可能在次生源附近还包括一部分次生的直达横波，到稍微远些的地方转为次生面波。因为面波的速度为横波速度的 91%，所以它们比较难以分辨。

如果在平原地区，产生次生干扰的原因往往仅仅是地表的不均匀性，比如沟、坝等。这种次生干扰在记录上的影响不十分明显。沙漠与山地中诱发次生干扰的则是突出地表的沙丘与山头，它们随着大地振动产生不均衡的抖动，进而产生干扰波向四面八方来回传播。每一个沙丘、山头在振动时都会发出各自的噪声，仿佛组成了一曲无人指挥的沙漠大合唱、山头大合唱（图 4-3）。沙漠、山地中产生的次生干扰波中对资料影响比较大的主要有两类：一类是低速的次生面波干扰，另一类是高速的次生折射波干扰。它们的视波长都很长，来自四面八方，可分布于全记录。[58]

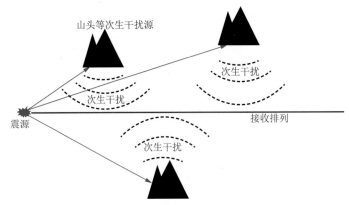

图 4-3　山地、沙漠中次生干扰波的传播

（二）次生干扰波与盒式干扰波调查

盒式干扰波调查（盒子波）是近年来国内外流行的一种噪声测试方法，最早由 Palaz 等人

100

用于调查山地碳酸盐岩地区的干扰波。2004 年,Carl J. Regone 等在西得克萨斯地区也进行了这方面的研究。国内凌云等首次在西藏地区采用方形排列干扰波调查方法进行了实际数据分析和研究。詹世凡等对方法进行了改进。刘景彦等、王正军等、李代芳等以及吴长祥等分别在不同地区进行了盒式干扰波调查的研究和应用。

盒式干扰波调查的观测系统由一组沿测线的炮点和一个面积接收网组成,设计参数决定于噪声的速度和有效信号的瞬时频率范围。面积接收网能够形成一组不同衰减水平的组合方式,可以通过已知散射噪声的衰减水平和希望信号出现的水平来识别信噪比,并通过类似雷达分析的显示给出各种波的到达时间、水平传播速度、传播的方位角、瞬时频带宽度和振幅大小。用这些信息可设计出适当衰减水平的野外组合来压制散射噪声。[59]

1. 西得克萨斯地区

西得克萨斯试验区位于美国得克萨斯州西部的 Val Verde 盆地,是阶地和峡谷地区,属于 Edwards 高原的一部分。地表主要是一些河流和山谷地区,上面覆盖了大面积的碳酸盐岩及碳酸盐岩砾石。从阶地到山谷底,岩石的物理性质变化很大,次生干扰十分发育。图 4-4 是盒式干扰波调查试验的观测系统示意图。从每一炮记录中抽出接收网中心的道组成地震记录(图 4-5)。图中,每一道来自不同的激发点;数据应用了 10～40 Hz 的滤波和 1 000 毫秒的 AGC,在这个频带,野外组合可以忽略面波的影响。在 632 炮右侧为阶地,地表覆盖了大块的碳酸盐岩地层,而左侧是峡谷的砾石区,岩石的物理性质变化很大。可以看到在阶地

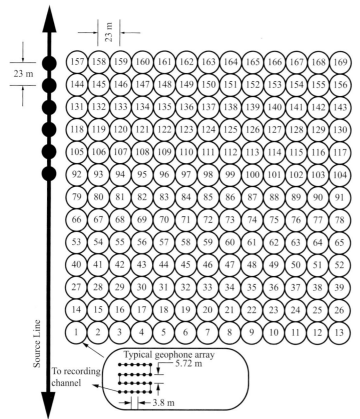

每一个小圆圈里面一条弓形小线,组内距3.8 m,纵向组合基距17.16 m,横向组合基距19 m;圆圈间距23 m,整个方形的边长是276 m

图 4-4　西得克萨斯盒子波观测系统示意图

上激发时有许多频散面波的同相轴,其中一些具有双曲线的特征,并且双曲线的极小点都不在 t_0 点附近。因为这个反射比较平,说明这些同相轴都是侧面来的干扰。通过图 4-6 可以做进一步的分析。图 4-6 是对每一炮记录用接收网中阴影部分的元素沿排列方向和垂直排列方向做潜迅加权组合,得到图 4-6(a)(in-line 方向,盒子间距 13 m)、图 4-6(b)(cross-line 方向,盒子间距 13 m)。接收网中产生了两种组合类型(a)、(b)的输出道。其中,in-line 组合使得与 in-line 反方向的散射波的同相轴被消除,同时直达面波的强度大大减弱,从而识别来自 cross-line 方向的散射噪声;cross-line 组合则可以识别来自 in-line 的散射噪声以及直达面波等。可以看到在 in-line 组合中有很多看似是反射有效波的假的双曲线同相轴,其实是侧面来的干扰;而在 cross-line 组合中原先的双曲线变得很陡,说明它们是侧面干扰。在野外生产中,如果只顺着 in-line 方向组合,就会把侧面的双曲线同相轴的干扰全部接收到记录中。这些侧面干扰波的同相轴在叠加以后会变得非常杂乱,视速度很高。对于一个侧面干扰双曲线,可以砍掉它的两个翅膀,但中间部分是永远砍不掉的,因为它的视速度跟有效波的视速度几乎是一样的,它们把有效信号完全淹没了。所以,这类高速噪声一旦接收进来,就没有办法把它跟有效波分开,无法再把它排除出去,在处理过程中再也没有办法解决。这一点对二维测线来说就是无药可救的。今后如果能够做双曲线的拉东变换,可能会稍微有所帮助。

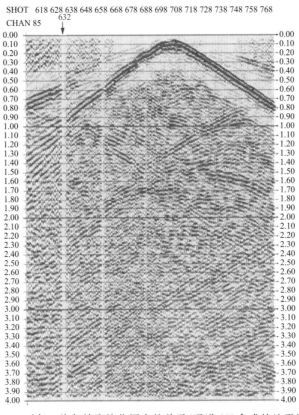

图 4-5 对每一炮仅抽取接收网中的单元(通道 85)合成的地震记录

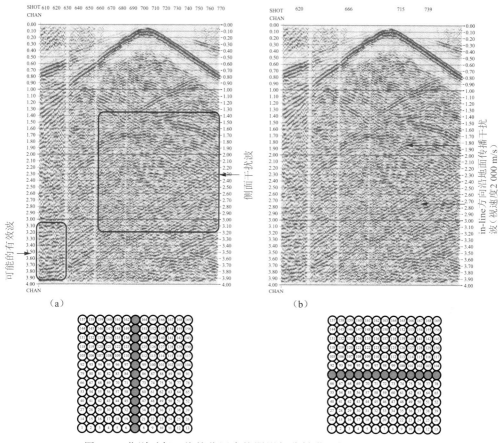

图 4-6 分别对每一炮接收网中按阴影部分做潜逊加权得到的记录

为了更清楚地观察干扰波的特点,还可以分别沿面积接收网的不同方向抽道集(图 4-7)。

因为这个地区构造比较平,有效波的视速度接近无穷大,地下来的反射波应该是水平产状;所以在 276 m 的距离中出现了较陡的同相轴,视速度肯定不会很高,应该都是干扰波。可以计算出它们的视速度都是在 2 000 m/s 左右,与面波的速度相同(因为这个地区是石灰岩出露区,纵波速度一般在 5 000～6 000 m/s 之间,所以该地区直达横波的速度大约为 2 000 m/s)。类似 1.5～1.8 s 的水平同相轴才是有效波的影子。将图 4-7 中间一组的 13 个道合到一块,就组成了图 4-6 中第 728 炮的对应的一道,进一步证明了图 4-6 左上图中的大部分的双曲线是侧面的干扰。

另一种识别噪声同相轴的方法如图 4-8 所示,是用一种被称作雷达的交互图形分析程序做出来的。计算时每选定一炮,在一定的方位角内,对某一波至时间的同相轴使用简单的倾斜叠加可获得雷达图。它给出随方位角变化波的慢度(v^{-1})信息,显示的变化范围由选择最大慢度来确定。雷达图可以相对炮点显示随方位角变化的沿水平方向传播的速度,并可显示波的到达时间。希望的反射波同相轴(它们具有较高的水平速度)在每个显示的靠近中心处可以看见。

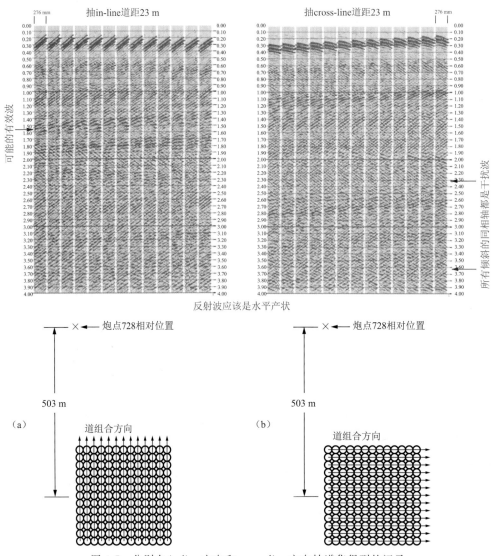

图 4-7　分别在 in-line 方向和 cross-line 方向抽道集得到的记录

图 4-8(a)分析的是 300 ms 处的同相轴。显然,728 炮 300 ms 处主要是直达面波。图 4-8(b)分析在 800 ms 处的信息。除一个外,在这张显示图上的其他同相轴都出现在 2 000 m/s 的速度上,但来自不同的方位角。因它们的水平传播速度全是 2 000 m/s,所以可以确定它们都是来自不同方向的散射面波。而位于显示中心的能量是一次反射波的能量[59]。

2. 前南斯拉夫地区

另一个例子是 1989 年在南斯拉夫完成的。地表主要是喀斯特灰岩,野外排列如图 4-9 所示。图形中每堆中放 12 个斜拉的检波器,采用 19×19＝361 的接收网,边长 18×30＝540 m;震源为可控震源,施工时排列不动,移动炮点。对每一炮,接收网中的 361 个元素被单独记录了下来。接收网中的每个元素在 in-line 和 cross-line 方向为 30 m 间隔。

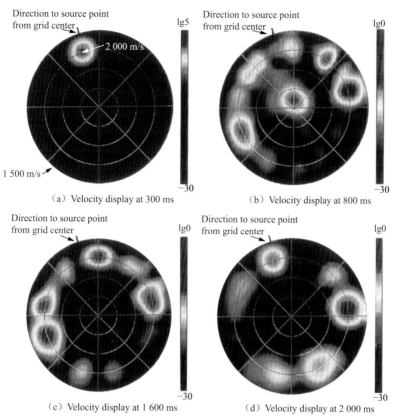

图 4-8　西得克萨斯地区盒子波雷达显示图

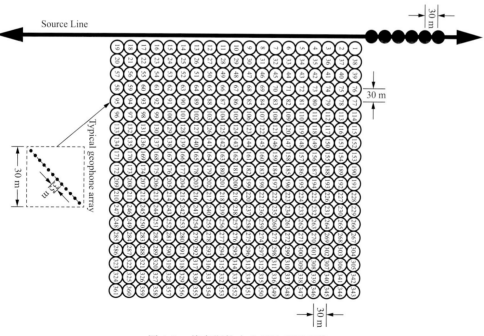

图 4-9　前南斯拉夫盒子波观测系统

从每炮抽取接收网中心的一道,得到共接收点道集(图 4-10,10～40 Hz滤波,该频段对噪声的波长没有多大的影响)。采用 $d=30$ m 间隔的野外组合,可记录这一地区所有波长的噪声。所以,在这张记录上存在各种各样非常复杂的噪声,看不到任何有效的信号。图 4-11是在第 175 炮的 1 850 ms 处做的雷达分析。从图中可以清楚看到噪声的分布,并可看出主要能量是声速为 2 000 m/s 的面波,还可以看到各种各样的首波。在图的中央部分,可以清楚看到一次反射波的能量。

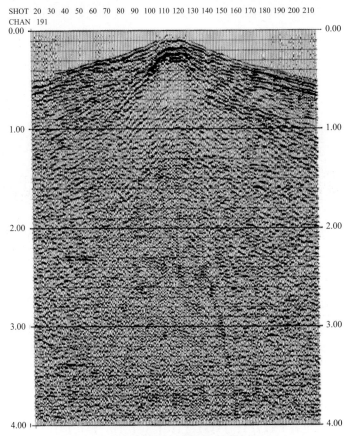

图 4-10　前南斯拉夫地区中心道接收记录

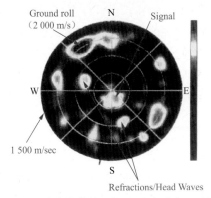

图 4-11　前南斯拉夫地区盒子波雷达显示图

从雷达分析得到的噪声速度信息,可以决定适当长度的野外组合来压制面波和首波。

图 4-12 与图 4-13 分别是用 9×9、17×17 切比雪夫加权面积组合接收的结果。两个图中在组合之前应用了 10～40 Hz 时间域滤波和 1 000 ms 自动增益,而后又做了一次 1 000 ms 自动增益。从图 4-12 看到,面波得到了很大的衰减,但是大多数首波没能得到压制,原来被散射噪声淹没的反射波现在可以分辨出来了。从图 4-13 中看出,17×17 的接收网同时衰减了面波和首波,数据质量比衰减面波前有了很大改善。[59]

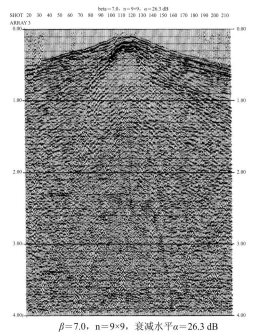

$\beta=7.0$,$n=9×9$,衰减水平$\alpha=26.3$ dB

图 4-12　9×9 切比雪夫加权面积组合接收记录

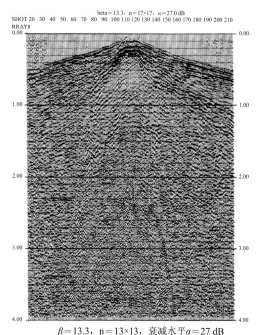

$\beta=13.3$,$n=13×13$,衰减水平$\alpha=27$ dB

图 4-13　17×17 切比雪夫加权面积组合接收记录

(三)次生干扰波的频率谱、视波长谱、视速度谱及时距分布情况

图 4-14 表示低频检波器接收到的各种地震波谱的情况,纵坐标定性表示各种波出现的强度。由图可见,次生高速干扰及次生低速干扰在频率域中往往是和反射有效波分不开的,所以使用频率滤波只能滤去原生干扰而滤不去次生干扰。在波数域和视频率域中,次生低速干扰可以分开,而高速次生干扰仍然和反射波难分难解。在视波长 100 m 附近,视速度 5 000 m/s 附近,可以说有一个高速干扰和其他干扰波的分界,但不很明显。

图 4-14 也绘出了时间域内各种波的分布情况。次生高速干扰(橄榄形表示)及次生低速干扰(小圆圈表示),几乎占据了初至后的全部记录。这说明,次生干扰既不能用切除方法去除,也无法通过调整偏移距加以避开。可见次生干扰比原生干扰更难对付[58]。

(四)次生干扰波十分强烈的几类地区

次生干扰波主要是由复杂的近地表结构产生的。复杂地区表层结构的复杂性不仅体现在不同地表类型表层结构构成方面的巨大差异,如低速层＋高速层(双层结构),低速层＋降速层＋高速层(多层结构),表层厚度和速度呈连续介质性质(非层状结构)等多种结构类型,还表现在表层低降速带的厚度与速度及下伏高速层的层速度在空间上的剧烈变化的非稳定

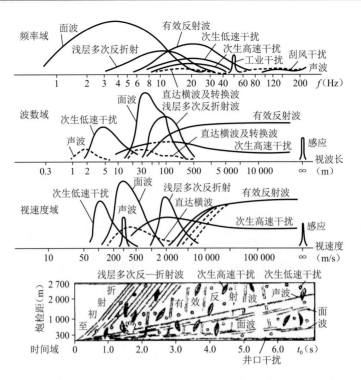

图 4-14　低频检波器接收时各种地震波的频率谱、视波长谱以及视速度谱（据李庆忠）

性和巨大的结构分异性。结合复杂地区地表特点，可以划分出具有代表性的 6 种表层结构类型。

1. 山地

山地的准确定义是海拔 500 m 以上、峰峦起伏、坡度陡峭的地区。山地多位于构造积压和隆升幅度强烈的地带。基岩出露区的山地垂向上表层结构类型可以划分为 3 类：第一类，低速层＋降速层＋高速层（三层结构），抗风化性很弱的细粒结构的碎屑岩出露区（含砂泥岩、砂岩、泥岩等）或胶结较致密的第四系砾石山体；第二类，低速带（基岩表面风化碎石层或地形低洼处的薄层浮土）＋高速层（双层结构），为抗风化性较弱的基性岩体、粗碎屑岩及喀斯特岩溶塌陷地带；第三类，几乎无风化层，仅存高速层的单层结构形式（相当于岩石速度，岩石直接裸露于地表，为抗风化强的致密中性-酸性岩浆岩体、变质岩和碳酸盐岩、硅质胶结的碎屑岩等）。

2. 黄土塬表层结构

一般认为黄土塬系内陆干燥气候条件下的风力成因，主要成分系第四系亚黏土、亚砂土、亚粉砂、亚细砂等，砂粒为石英成分。当黄土塬地区的黄土具有明显的分层性时，其表层结构一般为三层结构，横向表层参数变化范围大。当黄土层中夹多套砾石层或盐碱层时，或平面上出现不同的岩性交替时，表层结构将变得更加复杂化；很多地方的黄土层的速度-深度呈连续介质性质，即速度随深度出现连续递增的特点。

3. 沙漠区表层结构

沙漠是极为干燥炎热气候下典型风成作用的产物，由第四系风成砂粒和尘土组成。多分布于较大的盆地的中心部位。沙漠区表层结构可以划分为双层和三层结构。实际上,地面沙层的低降速带速度即使在同一盆地不同位置或者位于同一沙丘的高处和低洼处都存在较大差异(如位于塔中大沙漠区某地的洼地低速层速度为 550～650 m/s,厚度薄;沙丘顶部低速层速度 370～450 m/s,厚度大;两者时差为 12～47 ms)但同一盆地内沙层下伏高速层(基岩)速度相对较稳定。

4. 山前带

山前带总体上以地形相对较低、地形起伏较小并由山体靠近盆地的一侧向盆地内的方向逐渐过渡为特征。山前带以发育第四系洪积或冲积戈壁砾石扇体最为常见,局部可见戈壁沙滩(与物源性质和山体发育部位有关)或戈壁盐碱滩(地表强蒸发),复合洪积扇体是山前带的主要物质单元。山前戈壁砾石区的表层结构也可以划分为双层或者三层式两种结构。由于山前戈壁区主要堆积物是第四系洪积扇体,因此该区的低降速带厚度具有从扇根部分(山麓向盆内方向)向扇中到扇端逐渐变薄的总体趋势。

5. 农田、沼泽、滩地、水陆交替带表层结构

该区域多位于盆地边缘与山前带之间的过渡带及河湖冲积平原等。该类区域的表层为沉积物偏细、结构较疏松的风化沙土层,故低速带速度一般较低,厚度较薄;但下伏降速层和厚度主要受所处的构造位置和沉积环境等诸多因素的控制。由于地史时期垂向上许多大小迥异的扇体不断地叠加、镶嵌和横向游移,导致下伏岩性岩相(含砂砾石层、砂质砾石层、砂土质砾石层、卵石层或基岩等)和堆积厚度变化巨大,厚薄不定与地表岩性并非一致,某些地区的近地表低降速带速度和厚度可能会变得相当复杂。

6. 冲沟与河道区表层结构

冲沟和河道为山区(也包括黄土塬、山前带及冲积平原等)所特有的地貌单元,是流水侵蚀、搬运和堆积的主要场所。一般来说,冲沟内的结构松散,沉积物大多属异物源,系第四系临时堆积所致,成分极其复杂。由于沟内沉积物总是处在一个过路沉积又随时被搬运侵蚀的变动状态,因此低速带速度和厚度值相对较小,降速带厚度随冲沟规模和侵蚀强度(包括构造抬升幅度)有关;但致密岩石区的冲沟内仅为近源很薄的松散岩块集合体,表层低速带速度较高,且直接下伏高速层(双层结构)。河道内的堆积物性质依其位置而定,如分布于河床内侧,多形成较大的砾石滩或滚石滩,其低速带速度和厚度相对较大;而处在河流的边心滩位置则多为细粒砂泥沉积,低速带速度相对较小,但河道分布区的降速带厚度和速度与河流发育年龄、所处流段和构造位置相关,变化较大。若河流分布在古老的洪积扇体上,降速带厚度会明显增大。[60]

以上地表类型中,有的地区的次生干扰波比较弱,原生的面波与折射波表现比较强,成为主要的干扰波。这些干扰波往往会使得记录面貌变得非常差,但经过处理后,仍然可以得到比较好的剖面。但是在次生干扰非常严重的工区,比如 6 种地表类型中的(1)～(4),在野外单张记录上非但看不到一根有效反射波的同相轴,甚至连常见的完整的面波与折射波都看不到,这正是次生干扰波非常严重的表现,也是最危险的。这主要是因为次生干扰在记录中往往具有双曲线特征,并且常以随机噪声带的复杂形式出现。在很多低信噪比地区,希望的反射信号常被这些随机噪声所掩盖。它们都是多次反射加折射、多次折射加反射形成的。这是山区及沙漠中最常见、也最难克服的波,视波长可以达到 150～250 m,常规组合很难解

决这类问题。图 4-15 是广西山区碳酸盐岩出露区的典型原始记录。右图是平坦区的记录，可以看到几组反射波；而左图山体部分记录除了面波的强的尖顶外，几乎一个有效波都看不到。在一些次生干扰非常严重的地区，甚至在水平叠加剖面中都可以清楚地看到强烈的次生干扰波(图 4-16)。

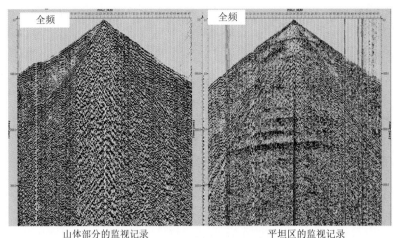

山体部分的监视记录　　　　　　　　　　平坦区的监视记录

图 4-15　山地勘探中的次生干扰波

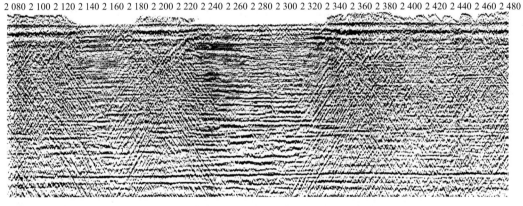

图 4-16　沙漠中次生干扰非常严重的水平叠加剖面

(五)"统计效应"与"室内处理"很难消除次生干扰波

文献[3]中将"随机干扰波"分为 3 类：① 地面微震，如风吹草动和人为因素引起的无规则振动等，这类干扰在激发前就存在；② 仪器接收或者处理过程中的噪音；③ 激发所产生的不规则干扰，包括由于介质的不均匀性造成的弹性波的散射以及任意方向来的、相位变化毫无规律的波的叠加等。这一分类将次生干扰波归为随机干扰波，使得人觉得次生干扰波出现的规律性很差，是随机出现的；但是，李庆忠院士认为，次生干扰波的产生是有一定规律的，只是由于干扰源分布的随机性、多个次生干扰波相互干涉以及采用沿 in-line 直线检波器组合(或在 cross-line 方向拉开很小的面积组合)无法压制次生干扰波才导致了次生干扰波在监视记录上的看似的无规律、随机性。如果使用合理的检波器组合压制侧面次生干扰,监视记录上这种随机性的干扰将大大减少。所以,次生干扰的随机性是从表现上来讲的,并且是由于我们一贯采用的 in-line 直线组合的情况下的一种表现,并不具有真正的随机特征。

文献[3]中关于检波器组合可以压制随机干扰、提高信噪比的结论是:当组内各检波器之间的距离大于该地区随机干扰的相干半径时,用 n 个检波器组合后,信噪比增大 $\sqrt{n}$ 倍。这很容易使得人们认为,只要使用足够多的检波器就可以很好的压制包括次生干扰波在内的随机干扰波。但是,事实证明,次生干扰波是不能通过组合的统计效应得以有效衰减的,压制干扰波,还要通过组合的方向效应加以解决。

次生干扰的复杂性在于以下几点。① 次生干扰可以分布于全记录,无法躲开,也不能切除。② 它与有效反射波几乎有相同的频带范围,无法用频率滤波滤去。③ 次生低速干扰常常表现为随机性,而克服随机干扰一般采用统计方法,但统计方法克服干扰的本领是有限的。④ 次生干扰可以从四面八方传到排列,因此在记录上的视速度非常高,最高可以接近无穷大。侧面次生高速干扰有时与反射有效波十分相像,真假难分。⑤ 有些次生高速干扰甚至在叠加时会得到加强。⑥ 由于次生高速干扰的视速度普遍高于折射初至波的速度,因此它与反射有效波在视速度域及视波长域总是难分难解。

可以简要用图 4-17 来总结一下 in-line 组合分别对沿 in-line 方向、cross-line 方向传播的干扰波在炮集上的不同压制效果。从图 4-17 中看到,in-line 方向的干扰在经过野外 in-line 组合、室内去噪后,基本上可以得以消除;但是 cross-line 的次生干扰在记录上多数表现为双曲线,浅层的窄而陡,深层的宽广平缓。因为检波器组合是沿 in-line 方向组合的,cross-

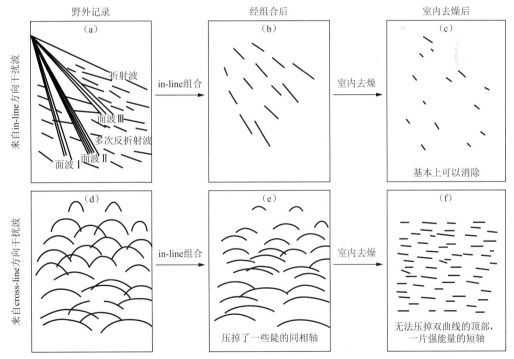

图 4-17 in-line 组合与室内去噪对不同传播方向干扰波压制效果的比较

line 方向的干扰波视速度往往很大甚至接近无穷大，组合时差非常小。这种干扰波一旦进入到记录中来，即使在室内处理后，也无法根本消除双曲线的顶部，最后即使经过室内去噪后得到的也是一片强能量的假的短同相轴，在水平叠加剖面上有时会让人误以为是有效波。

二、检波器横向拉开组合克服次生干扰波

(一) 组合压噪的原理

有效波和干扰波的主要差别有 4 点。

（1）传播方向不同。例如水平界面的反射波在经过低降速带后几乎垂直地反射回地面，而面波是沿地面传播的。传播方向上的差异可以表现为视速度上的差异。

（2）频谱不同。

（3）经过动校正后的剩余时差有差别。

（4）出现规律上有差别。例如，风吹草动等引起的随机干扰的出现规律与反射波不同。

组合法是一种利用有效波和干扰波在传播方向上的差别来压制干扰波的方法。地震勘探中的组合可以分为 3 类。

（1）野外的检波器组合，即把安置在测线上一定距离的几个检波器所接收到的振动叠加起来作为一道地震信号。

（2）野外震源组合，即在相隔一定距离的几个震点上同时激发，它们所产生能量的总效应作为一炮的能量。

（3）室内的混波，即把若干个地震道信号按比例相加，作为一道新的地震信号；也可以进行道间组合，方法与混波类似。

(二) 横向拉开组合主要克服 cross-line 方向传播的次生干扰

传统的检波器组合方式要么是 in-line 方向直线组合，要么是 24～36 个检波器（每串 12 个）直线两三排组合（但 cross-line 方向的总跨距 L_y 一般不超过 10 m，基本上无法克服侧面传播的次生干扰波）。在次生干扰十分发育的山地与沙漠地区，这种组合方式是非常不利的。

首先，以图 4-18 所示的、目前采用较多的沿 in-line 展开的检波器组合形式为例进行分析，假设最大干扰波视波长 150 m。

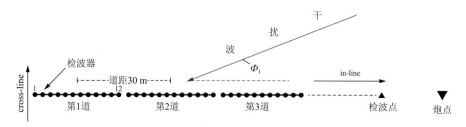

图 4-18　检波器沿 in-line 方向拉开组合示意图

采用主频 10 Hz、采样率 1 ms 的雷克子波（图 4-19 蓝线，最大振幅 1）代表干扰波。假设当干扰波与排列之间角度为 Φ 时，计算得到经过图 4-18 中 in-line 检波器组合后的干扰波波

形(图 4-19 粉线,设最大振幅为 σ)。用组合后的振幅与组合前的振幅比 $\sigma(\sigma/1)$ 代表对应角度 Φ 时的组合对干扰波的压制量 $\delta(\Phi)$。令 $\Phi=0°\sim360°$,计算压制量 $\delta(\Phi)$,就得到图 4-18 中 in-line 检波器组合在平面上以极坐标形式表示的振幅特性曲线——"玫瑰图"[图 4-21 (a)],据此可以分析组合对沿不同角度传播的干扰波的压制能力。

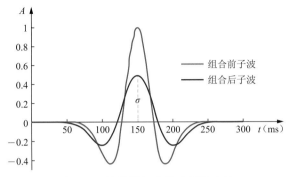

图 4-19　检波器组合前后子波比较

从图 4-21(a)可以看到,图 4-18 所示的沿 in-line 方向组合基距为 30 m、不跨道的检波器组合对沿 cross-line 方向传播的、视波长为 150 m 的干扰波根本没有压制作用,即使在 in-line 方向也只能把干扰波衰减到 0.9 左右。

同理,可以做出沿 cross-line 方向展开一个干扰波视波长 150 m 的检波器组合,(图 4-20)对应的玫瑰图[图 4-21(b)]。从图 4-21(b)中看出,当 cross-line 方向的组合基距为 150 m 时,能够把沿 cross-line 方向传播的、视波长为 150 m 的干扰波压制到 0.13 左右。计算得知,该组合对于视波长在 200 m 以下沿 cross-line 传播的次生干扰波的压制效果都比较理想(0.3 以下)。

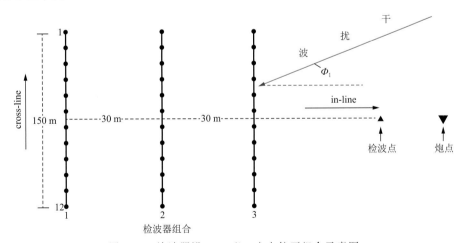

图 4-20　检波器沿 cross-line 方向拉开组合示意图

需要说明的是,因为侧面干扰的视波长一般都非常大,即使我们采用直线两三排式的检波器组合,但 cross-line 方向的组合基距只有 $10\sim20$ m,同样起不到压制侧面干扰波的作用。

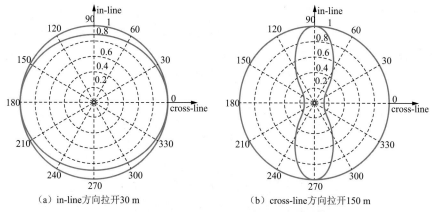

（a）in-line方向拉开30 m　　　　　（b）cross-line方向拉开150 m

图 4-21　两种检波器组合形式对应玫瑰图

（三）野外横向拉开组合要与室内混波相结合

野外检波器组合沿 cross-line 方向拉开后，并不能克服 in-line 方向的干扰；但是沿 in-line 方向传播的干扰主要表现为线性干扰，所以沿测线的组合基距为两倍或三倍道间距时，可以用相邻两道或三道混波来达到几乎相同的组合的目的。

图4-22是检波器横向拉开150 m，不同道数道间混波后分别对视波长为 40 m、80 m、

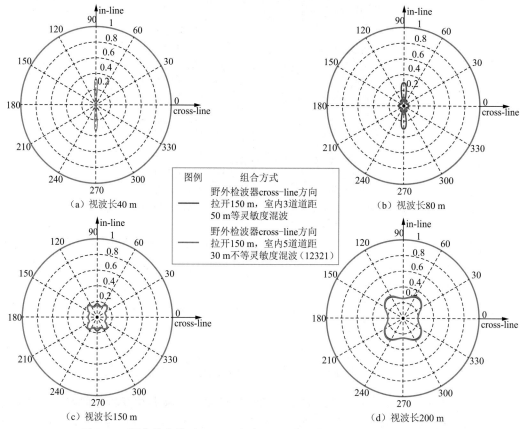

（a）视波长40 m　　　　　　　　　　　（b）视波长80 m

图例	组合方式
——	野外检波器cross-line方向拉开150 m，室内3道道距50 m等灵敏度混波
——	野外检波器cross-line方向拉开150 m，室内5道道距30 m不等灵敏度混波（12321）

（c）视波长150 m　　　　　　　　　　　（d）视波长200 m

图 4-22　野外横向拉开 150 m、室内 3～5 道混波后压制干扰波的玫瑰图

150 m、200 m 的干扰波的压制曲线（玫瑰图）。可以看到，经过横向拉开 150 m、室内 3～5 道混波后，4 个不同视波长的干扰波全部可以压制到 0.33 以下；视波长越小的干扰波，压制效果越好。图 4-23 是道间混波的一个实际例子。

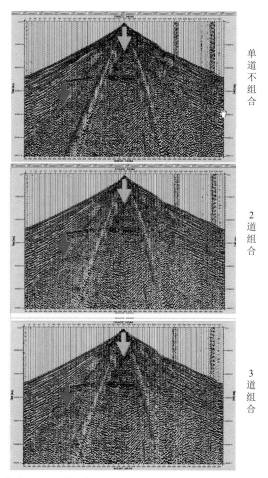

单道不组合

2道组合

3道组合

图 4-23　窟窿山地区横向拉开 176 m 组合时不同道数混波的单炮记录

　　另外，还有一点需要注意，野外大的组合基距与室内混波是不能相互替代的。过去在内蒙古的赛汉地区曾经在 in-line 方向组合到 130 m，使得本身存在的陡倾角反射全部消失了；后来纠正了这一点，组合基距减少到 60 m，剖面质量就有了明显的改进。

　　同时，道间混波以后，必然会带来高频信号的损失。所以，在道距为 25～30 m 的情况下，一般以 3 道混波或者不等灵敏度的 5 道混波较为合适。

三、横向拉开组合在施工过程中遇到的主要障碍

　　山区、沙漠中次生干扰波十分发育是众所周知的事实。横向拉开检波器组合之所以不能被大多数施工人员所接受，原因主要有两点：第一点，检波器横向拉开组合很不方便，施工难度大，许多人产生了思想上的障碍；第二点，横向拉开组合往往会出现组内高差超出现有

技术规程的规定。但是事实证明,原先操作规程中关于组内高差的规定是不合理的。

(1) 计算组内高差时,不能简单地用低速带的速度 v_0 进行计算,大多数情况下实际起作用的表层速度是降速带的速度 v_1,多大于 800 m/s,岩石出露区更可以达到 2 000～6 000 m/s。

(2) 经过理论计算和试验证明,在很多目的层主频不是很高而次生干扰波非常强烈的地区,只要做到组内时差不超过视周期的 1/2 就可以。"组合时差不超过视周期的 1/4"的规定,尽管会使得有效波的衰减被控制在很小的范围内,但同时也大大削弱了组合压制干扰波的能力,在次生干扰波非常发育的沙漠与山地地区是不可取的。

所以,应该采用公式 $H = v_1/2f_{dom}$(f_{dom} 为目的层主频,v_1 为降速带速度)而不是 $H = v_0/4f_{dom}$(v_0 为低速带速度)计算组内高差,这样就会使高差允许值增加几倍,进而使得垂直排列大距离拉开组合成为可能,相应地检波器组合压制次生干扰波的能力也会大大增强。

四、横向拉开组合的几个实例

(一)前南斯拉夫地区[47]

在前南斯拉夫地区曾经对分别沿 in-line 和 cross-line 方向拉开检波器组合压制干扰波的效果做过一个试验。该试验首先在试验地区通过盒子波调查得到了详细的干扰波的参数,然后布置了两个平行的、采用不同检波器组合形式的排列(图 4-24,其中一个排列只有 in-line 方向组合,另外一个排列只有 cross-line 方向组合),以验证不同组合形式对干扰波的压制能力。试验中两个排列均采用 36 个检波器、均匀分布在 180 m 长的直线上,唯一的区别是组合方向不同。由以上方式采集的数据经处理,得到图 4-25 所示的地震剖面。图 4-25 (a)是 in-line 方向组合的数据,并在炮点和检波点域经 F-K 域滤波压噪处理得到的叠加剖面。从图 4-25 可见,即使图 4-25(a)去噪后,(a)、(b)两个剖面仍然存在显著的差异。这是

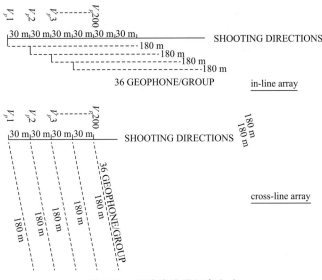

图 4-24　两种检波器组合方式

因为强烈的散射噪声与有效波的视速度基本上是一样的,使得 in-line 组合得到的多数是蚯蚓化的同相轴;而 cross-line 方向 180 m 组合后,有效波就比较明显了,从而证明横向拉开组合的确可以有效克服侧面传播的散射噪声,提高信噪比。

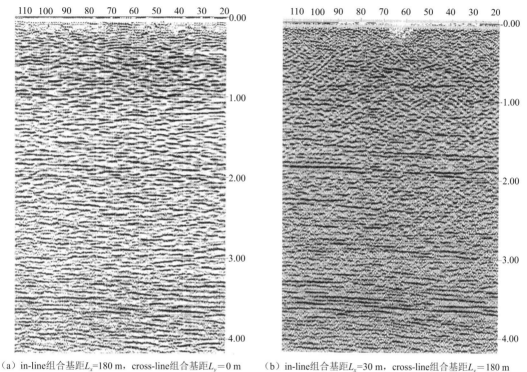

（a）in-line组合基距L_x=180 m，cross-line组合基距L_y=0 m　　（b）in-line组合基距L_x=30 m，cross-line组合基距L_y=180 m

图 4-25　前南斯拉夫地区两种组合方式所获剖面

（二）青海油泉子地区

油泉子地区在 2003 年施工时采用了 10 m 道距,同时采用 cross-line 方向组合基距 110 m 进行野外采集。经过室内动静校正、水平叠加以及道间混波后,资料效果比 2001 年的相邻测线有了较大的改善。有人认为资料的改善原因是采用了高密度采样,也就是缩小了道距。但是经过技术人员把高密度采样抽稀,即把 10 m 道距抽稀到 20 m 道距,发现高密度采样并不起主要作用,横向拉开才是资料改善的主要原因。

（三）新疆克拉苏以及西秋立塔克地区

2007 年,在新疆克拉苏地区以及西秋立塔克地区进行了采用检波器横向拉开组合的攻关,取得了明显的成效(图 4-26、图 4-27)。

（四）东部平原地区

自 2008 年以来,我国东部的部分油田在平原地区的三维采集中也适当拉大了 cross-line 方向的组合基距,资料也有了很大的改进(图 4-28)。

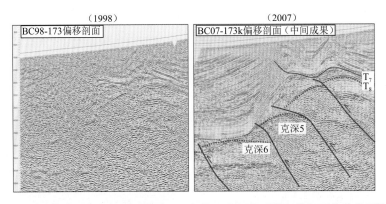

图 4-26　新疆克拉苏地区攻关剖面对比(据塔里木石油天然气勘探开发分公司资料)

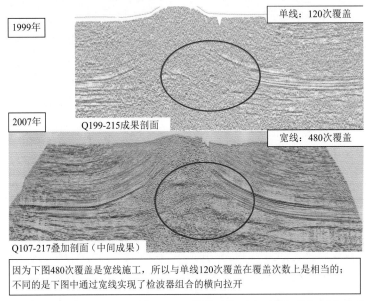

因为下图480次覆盖是宽线施工，所以与单线120次覆盖在覆盖次数上是相当的；
不同的是下图中通过宽线实现了检波器组合的横向拉开

图 4-27　新疆西秋立塔克地区攻关剖面对比(据塔里木石油天然气勘探开发分公司资料)

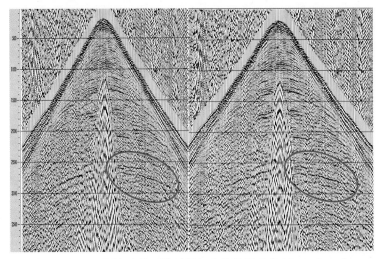

图 4-28　东部平原地区不同方向拉开检波器组合的效果比较(左:in-line,右:cross-line)

　　组合检波是地震资料采集中有效压制干扰、提高原始地震记录信噪比的一项关键技术。但是,近年来我国西部复杂地表地区使用传统 in-line 方向组合检波的效果并不理想,给静校正处理造成很大困难。究其原因,是因为在平原地区被普遍采用的、主要沿 in-line 方向的检波器组合方式不适合西部复杂地表条件下次生干扰非常严重的客观事实。检波器沿 cross-line 横向拉开组合则对上述地区,特别是山地与沙漠地区,有较大的适应性;只要沿 cross-line 方向拉开大约一个最长干扰波视波长的距离,同时配合室内道间混波,就能够较好地压制各种来自各个方向的原生、次生干扰波,从而在上述困难地区得到信噪比较高的采集资料。

　　对于三维采集,则需要加大 cross-line 方向的组合基距,使得检波器组合在一个观测系统的范围内在 cross-line 方向上均匀分布,也可以较好地压制复杂地表地区的次生干扰波,提高采集质量。

第二节　组内限差的选择

　　检波器组合图形内最高与最低检波器之间的高度差值允许范围被称为组内限差,是影响有效反射波衰减的重要因素。在施工中,我们希望以合适的组合形式将检波器尽量布设在一个水平面上—即组合限差尽量小,在最大限度地压制面波、折射波、次生干扰波以及随机干扰波等干扰的同时保护有效波。但是现实情况是,在某些地表比较复杂的地区,如果想在平面上尽量展开较大的距离压制干扰波,往往会产生较大的高差,超过操作规程[中华人民共和国石油天然气行业标准《地震资料采集技术规程》(SY/T5314—2004)]所要求的高差范围;如果按照规程中的公式 $\Delta H = v_0/4f_{dom}$(v_0 为低速带速度,f_{dom} 为最浅目的层反射波主频)计算的高差进行施工,就不得不缩小组合基距,进而使得干扰波被压制得不够彻底。这是很多施工人员都曾经遇到过的两难境地。

一、一个例子

　　假设我国西部某工区浅层目的层的主频 f_{dom} 为 20 Hz,最长干扰波视波长 115 m,每道使用 36 个检波器,在施工中遇到图 4-29 中所示的检波点。如果分别从保护有效波和压制干扰波两个角度来选择组合基距,我们就会面临两个选择:

　　(1) 以保护有效波为主:按照公式 $\Delta H = v_0/4f_{dom}$ 计算组内高差,得到组内高差只允许 6 m(假设 $v_0 = 500$ m/s,$f_{dom} = 20$ Hz),即将检波器布设在 A_1 与 A_2 之间,$\angle A = 6/\sin(15°) \approx 23$ m。

　　(2) 以压制干扰波为主:将组合基距拉开到一个主要干扰波的视波长,即 115 m 左右,把检波器布设在 B_1 与 B_2 之间,此时组内高差 $\Delta H = 115 \times \sin(15°) \approx 30$ m。因为低速带厚度相等,所以时差 Δt 主要是由降速带($v_1 = 1\ 000$ m/s)厚度的不同造成的,$\Delta t = \Delta H/v_1 = 30$ ms,超过了最浅目的层主频 20 Hz 的 1/4 个视周期(12.5 ms)。

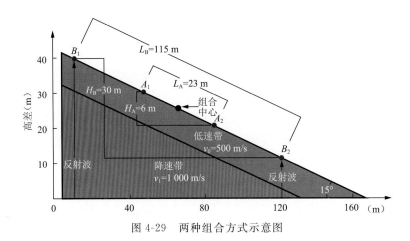

图 4-29　两种组合方式示意图

下面我们对主频分别为 20 Hz、40 Hz 时 A、B 两种组合方式对有效波和干扰波的衰减量进行具体计算。假设在不组合的时候有效波与干扰波的振幅都是 1，检波器按照以上两种组合方式（A、B）分别布设在 A_1 与 A_2、B_1 与 B_2 之间，并引入一个指标：

$$SNRR(\lambda_a) = \frac{S\Phi_B / N\Phi_B}{S\Phi_A / N\Phi_A} \tag{4-1}$$

式中，$S\Phi$ 为高差造成的反射波衰减后的相对振幅；$N\Phi$ 为组合造成的不同视波长干扰波衰减后的相对振幅，下标 A、B 分别对应 A、B 两种组合方式；λ_a 为视波长（m）；$SNRR$ 为经过检波器组合方式 B 后有效波与干扰波振幅相对强度与经过检波器组合方式 A 后有效波与干扰波振幅相对强度的比值，反映了两种组合形式突出有效波的能力的对比。

高差对有效波的压制有公式：

$$S\Phi(f) = \frac{\sin(n\pi\Delta t f)}{n\sin(\pi\Delta t f)} \quad [49] \tag{4-2}$$

式中，n——检波器个数；

Δt——相邻两个检波器之间的有效波时差（s）；

f——有效波的视频率（Hz）。

根据公式（4-2），可以计算 20 Hz 有效波在 A、B 两种组合方式下的衰减量：$S\Phi_A(20) = 0.975$，$S\Phi_B(20) = 0.481$；同理，40 Hz 有效波对应的两种组合方式的衰减量：$S\Phi_A(40) = 0.903$，$S\Phi_B(40) = 0.173$。

为了计算 $N\varphi$，我们把公式（4-2）略加变化。由于 $\Delta t = \Delta x / (f_{dom} \cdot \lambda_a)$［$\Delta x$ 为组内距（m），λ_a 为视波长（m）］，可得到根据视波长 λ_a 计算干扰波衰减量的公式（4-3）：

$$N\Phi(\lambda_a) = \frac{\sin\left(n\pi\dfrac{\Delta x}{\lambda_a}\right)}{n\sin\left(\pi\dfrac{\Delta x}{\lambda_a}\right)} \quad [49] \tag{4-3}$$

将组合 A 的组内距 $\Delta x_A = 23/(36-1) = 0.657$ m、组合 B 的组内距 $\Delta x_B = 115/(36-1) = 3.29$ m 以及 $S\Phi_A(20)$、$S\Phi_B(20)$ 带入公式（4-1）、公式（4-2）、公式（4-3），得到主频 20 Hz 时：

$$SNRR(\lambda_\alpha) = \frac{S\Phi_B}{N\Phi_B} \bigg/ \frac{S\Phi_A}{N\Phi_A} = \frac{S\Phi_B}{S\Phi_A} \cdot \frac{N\Phi_A}{N\Phi_B}$$

$$= 0.493 \times \frac{\sin\left(36 \times \pi \times \dfrac{0.657}{\lambda_\alpha}\right)}{36 \times \sin\left(\pi \dfrac{0.657}{\lambda_\alpha}\right)} \bigg/ \frac{\sin\left(36 \times \pi \times \dfrac{3.29}{\lambda_\alpha}\right)}{36 \times \sin\left(\pi \dfrac{3.29}{\lambda_\alpha}\right)} \tag{4-4}$$

我们认为只要 $SNRR > 1$，就说明组合 B 突出有效波的效果要好于组合 A。根据公式（4-4）绘出图 4-30 左图（$f_{dom} = 20$ Hz）。从图中可以看出，对于所有视波长超过 27 m 的干扰波来说，$SNRR$ 全部大于 1，也就是说，组合 B 较组合 A 更有利于突出有效波，提高信噪比。

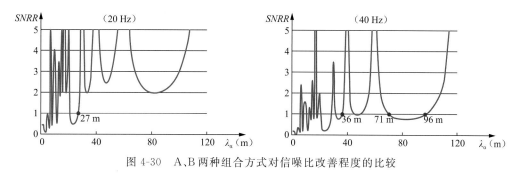

图 4-30　A、B 两种组合方式对信噪比改善程度的比较

同理，可以画出 $f_{dom} = 40$ Hz 时的 $SNRR$ 曲线（图 4-30 右图）。据图可知，即使对于 40 Hz 有效波来说，除了视波长范围在 71～96 m 之间时 $SNRR$ 略小于 1 以外，对于其他波长的干扰波而言，也均是组合 B 要好于组合 A。

所以，在某些地表非常复杂的困难地区，如果只是看有效波的压制量 $S\Phi_A$、$S\Phi_B$，毫无疑问应该采用组合 A 而不是组合 B；但如果从提高低频 20 Hz 甚至 40 Hz 有效波信噪比的角度出发，就会选择组合 B 而不是 A。

二、组内高差对有效波压制程度的理论模型试验

为了进一步考察组内高差对有效波的影响，我们用高差允许值 ±15 m、主频 20 Hz 的雷克子波做了理论合成记录。试验中假设用 36 个检波器接收，30 次覆盖，地下为水平层状介质，低速带厚度大致相等，组内时差主要是由于降速层（$v_1 = 1\,000$ m/s）厚度上的差异造成的。

（1）先由计算机随机产生高差幅度为 ±15 m 以内的 36 个检波器放置点的相对高程 dH（图 4-31a）。则每个检波器的反射波到达时差：$dT = dH/v_{eff}$（v_{eff} 是有效平均速度，一般情况下为降速带的速度 v_1）。因为 36 个检波器相对高程的不同，会出现子波的延迟或者提前；在不考虑动校正时差的情况下，把 36 个检波器接收到的雷克子波（W，图 4-31b，20 Hz）按照时间延迟或者超前量 $dt_i(i=1,36)$ 叠加后，就得到了该道 36 个检波器组合后的子波波形［W'，图 4-31(c)］，组合后的子波 W' 由于组内高差的改造作用，振幅变小，主频变低了。

注：我们不必担心畸变子波振幅变小，因为它引起整道振幅的变弱，完全可以在室内资料处理中用地表一致性振幅补偿加以解决，如果采用地表一致性反褶积，则在一定程度上还可以纠正相位的差别。

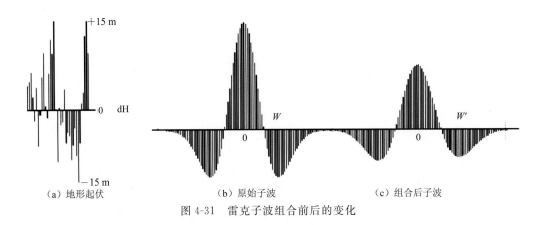

图 4-31　雷克子波组合前后的变化

畸变子波波峰时间的前后错动也会使整道波形上下错动,它们的作用相当于静校正量的变化,只要不超过半个周期,在自动静校正的过程中也是可以加以纠正的。

接着我们再用理论地震记录道来做分析,采用 20 Hz、40 Hz 两个雷克子波,采样率 $dt=$ 1 ms;反射系数序列 RC 长度 340 ms,采样率 $dt=1$ ms;声波速度模型长度 340 ms,采样率 $dt=1$ ms;反射系数褶积原始雷克子波后可以得到合成地震道(图 4-32)。

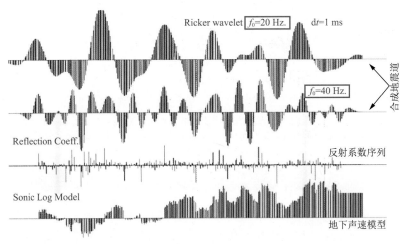

图 4-32　合成地震道

(2)用计算机随机产生高差幅度为 ±15m 以内的 36 个检波器的相对高程、共计 30 道的相对高程(图 4-33),图 4-33 中相对高差最大为 30 m。

(3)将图 4-32 模型中的 20 Hz 合成地震道按照每道的 36 个时间延迟或者超前量 dt_i 作 36 次叠加后,就得到一个由组内高差影响造成的地震道;30 个地震道的理论合成记录集合后就组成为一个动校正后的共反射点 CMP 道集(图 4-34)。此图中有些道的波形有局部的畸变,如小黑点所示,但它还是一个不错的 CMP 道集。

(4)假设在动静校正完全正确的前提下,重复过程(3)20 次,并把 CMP 道集叠加起来,就可以模拟产生一条 20 次覆盖的水平叠加剖面。图 4-35 上部是存在 ±15 m 随机组内高差的水平叠加剖面,图 4-35 下部是不存在组内高差的水平叠加理论剖面。通过对比可以看出,由于统计效应的作用,存在高差时仍然可以获得信噪比相当高的低频剖面。

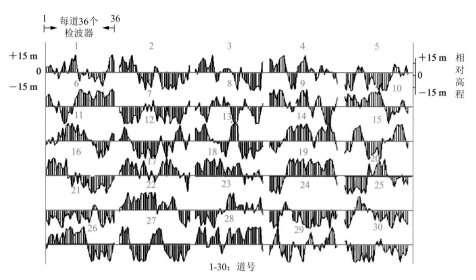

图 4-33　每道 36 个检波器、相对高程 ±15 m 的 30 个地震道

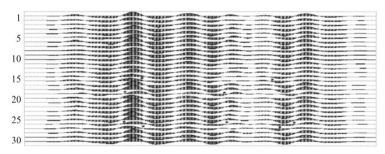

图 4-34　CMP 道集（20 Hz）

图中可见 ±15 m 的组合高差并没有压制有效反射波。对于 20 Hz 主频的反射波，
其 CMP 道集变化不大（圆点处为个别畸变较大的地方）

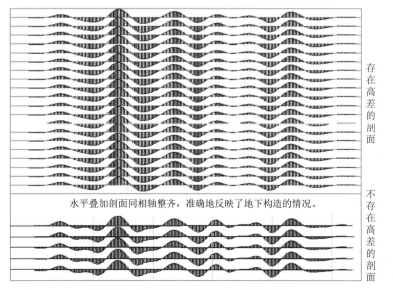

图 4-35　20 道的水平叠加剖面（20 Hz）

所以,模拟的结果证明±15 m组内高差并没有妨碍低频(10~20 Hz)有效波的叠加成像,可以得到用于构造解释的剖面。

还采用30 Hz、40 Hz主频做了同样的试验,甚至试验了高差为±20 m的情况(相对高差最大为40 m),其结果是尽管组合使得水平叠加剖面失去了高频成分,但是仍然能够反映地下的构造情况,得到能用的水平叠加剖面。

三、应该采用什么公式计算组内高差允许值

1. 速度值采用 v_1 还是 v_0

决定组内高差对有效波压制程度的直接因素是时差,而不是高差。但是时差在施工过程中无法把握,所以只有依据速度将时差转换为高差,才能在野外具有可操作性。而计算高差时采用的地表速度,很多人都认为是地面的、低速带的速度 v_0。而实际情况是,因为存在各种不同的地表结构,采用什么速度计算高差,应该做具体的分析,不能一概而论。

(1) 低速带基本等厚的地区。

在这类地区,低速带(v_0)是基本等厚的,产生组内高差往往是由于降速带(v_1)的变化造成的,而不是低速带(图4-29)。所以我们计算组内高差时,采用的也应该是降速带的速度 v_1,而不是低速带的速度 v_0。

(2) 沙漠地区。

① 塔里木盆地。

塔里木盆地塔克拉玛干沙漠地表条件复杂,地表多为复合型垄状沙梁和蜂窝状沙山,沙丘比较高大,一般为40~100 m,最高可达150 m。多年的勘探实践表明,塔克拉玛干沙漠表层有如下特点:高速层顶界(即沙漠的潜水面)是一个非常平稳的界面;高速层以上的沙层厚度、地面点相对高速层顶界的延迟时间之间的关系可以用图4-36第四象限的沙丘曲线量板来表示。[61] 我们把沙丘按照每20 ms划分为一层,然后计算各层的层速度(图4-36第三象限)。从图中我们会发现,如果检波器组合分布在沙丘高度40 m~60 m的范围内,

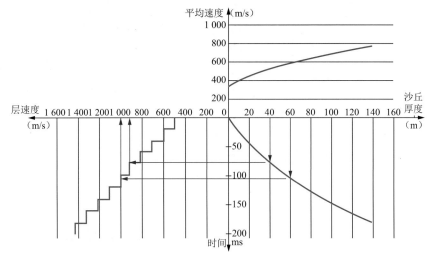

图4-36　新疆塔里木盆地沙丘曲线

那么对产生组内时差起作用的应该是沙丘中层速度在 900～1 000 m/s 的一段,而不是速度为 350 m/s 的地面表层。因为该地区沙丘的高度大部分都比较高,所以对于组合内时差起主要作用的速度应该普遍大于 800 m/s。

假设某个工区的最浅目的层主频为 28 Hz,组合中心所在的沙丘高度是 80 m。首先从沙丘曲线上查到 80 m 对应的时间为 127 ms。如果允许的组内时差是半个周期 18 ms 的话,组内最低点检波器对应的时间应该是 127－(18/2)＝118（ms）,最高点对应的时间是 127＋(18/2)＝136（ms）;然后再分别查出 118、136 ms 分别对应的沙丘高度 72 m、90 m（图 4-37 左图）。也就是说,对于该地区组合中心位于 80 m 沙丘上的检波点而言,如果允许的组内时差是半个周期（18 ms）的话,可以把检波器布设在 72～90 m 之间,即高差 18 m。用同样的方法计算了 10～120 m 不同高度组合中心所对应的组内高差（图 4-37 右图）。因为沙丘中的速度是自上而下逐渐变高的,所以随着沙丘上组合中心高度的增加,18 ms 时差对应的组内高差也在增加,位于沙丘越高部位的检波点,其可以允许的组内高差越大。即在沙丘不同部位的检波器组合,可以采用变动的组合高差,同样可以达到最大限度保护有效波、压制干扰波的目的。

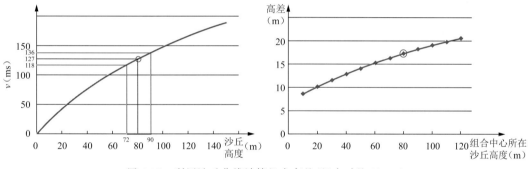

图 4-37　利用沙丘曲线计算组内高差(组内时差 18 ms)

② 准噶尔盆地。

准噶尔盆地的 2/3 被沙漠所覆盖,表层及近地表结构比较复杂,潜水面海拔较低,非常干燥。为了搞清楚准噶尔盆地的低降速带情况,20 世纪 90 年代,法国 CGG 公司用 3 年的时间在该盆地通过数万个小折射、几百口微测井,得到了准噶尔盆地全盆地的低降速带数据,图 4-38 是一个典型的剖面。从图 4-38 可以清楚地看到,低速带是基本等厚的,产生组合时差的主要原因是因为降速带的起伏,而不是低速带。所以,计算组内高差时应该用降速带的速度,即大约在 700～1 200 m/s 之间,而不是低速带的速度。

（3）山地。

基岩出露的山地低速带普遍比较薄,出露基岩的层速度多大于 2 000 m/s,有些甚至达到 6 000 m/s（前中生代的碳酸盐岩地层及岩浆岩或变质岩等岩体）,所以组内高差允许值至少应该采用 2 000 m/s 的速度进行计算。

结论:计算组内高差时,不能简单地用低速带的速度 v_0 进行计算,大多数情况下实际起作用的表层速度是降速带的速度 v_1,一般大于 800 m/s,岩石出露区可以达到 2 000～6 000 m/s。

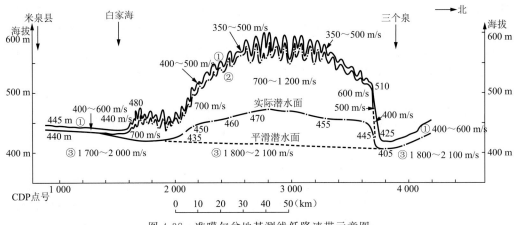

图 4-38 准噶尔盆地某测线低降速带示意图

2. 组内时差应该小于1/2还是1/4个视周期

检波器组合对于地表起伏比较大的复杂地区的地震勘探而言,永远是一把双刃剑。一方面,在这类地区把检波器组合在地面上拉开一定的距离来压制沿地面传播的干扰波,就会因为地表的起伏不可避免地产生组内时差,从而压制有效波;相反地,如果不使用组合或者使用小组合,看似保护了有效波,但在保护有效波的同时干扰波也大大地增强了,被保护的有效波都被淹没在了因为组合没有足够拉开而不能有效压制的强烈的干扰波中了,并没有实现突出有效波的良好愿望。所以,不应单单从保护有效波或者压制干扰波的一个方面来考虑问题,应从主要目的层主频的组合效应,即组合对信噪比的改善程度来衡量组合的效果,有效波被压制到 0.707 以下并不可怕。如果经过大的组合基距及组内高差组合后,干扰波被压制得比较彻底。这时,尽管高频有效波受到了一定的损失,我们仍然可以得到信噪比较高的剖面用于构造解释,这对于某些困难工区来说是比较理想的结果。在没有信噪比保证的工区过分地强调保护高频反射波没有实际意义。

经过理论计算和试验证明,在很多目的层主频不是很高、而次生干扰波非常强烈的地区,只要组合时差没有超过视周期的1/2,有效波就不会被抵消太多。在这种情况下,尽管有效波被衰减的程度会稍大一些,但干扰波被压制的程度更大,我们从提高信噪比的目标来衡量就是值得的,就可以得到信噪比较高的低频资料。"组合时差不超过视周期的1/4"的规定尽管使得有效波的衰减被控制在了很小的范围内,但同时也大大削弱了组合压制干扰波的能力,在次生干扰波非常发育的沙漠与山地地区是不可取的。

对于一个工区而言,特别是西部的沙漠、山地等地区,地表的起伏及低降速带的情况都非常复杂。在这类地区,即使完全按照事先根据低降速带数据计算出的组内高差允许值进行施工,也很难保证所有检波点的组内时差不超限。所以,我们应该从统计意义上、而不是几个单道上来认识组内高差对高频信息的衰减作用。同时,处理过程中的多次覆盖、水平叠加还可以纠正个别道上的波形失真。[62]

四、小 结

在我国西部存在一些地表复杂、次生干扰波非常发育、目的层主频不是很高的沙漠、山地等困难地区。在这类地区,如果拘泥于原先关于组内高差的规定,就会因为强烈的次生干扰波不能得到有效压制而导致剖面信噪比大大降低,进而使得企图通过减小组高差、保护高频信息、提高分辨率的初衷也无法实现。在这类地区,根据低速带的速度 v_0 以及 1/4 视周期计算组内高差允许值的做法应该得到纠正。

第三节　道距与地震信号的可记录性

地震勘探中深层与浅层、远道与近道、高频与低频信号幅值相差很大。当地震信号在地层中传播时,由于大地对地震波的吸收,信号随频率的升高呈指数衰减。在深层时,低频信号比高频信号大几个数量级。地震信号中强信号与弱信号之间比值的分贝数被称为“地震信号的动态范围”。这个范围与我们期望了解的地质目标的反射强度有关系。地震微弱信号与微幅的结构信息、精确的岩性描述、更深目的层的识别都有密切的关系,所以地震记录系统要同时满足记录弱小信号和强信号的能力,地震能够记录的强信号与弱信号比值的分贝数,被称为“设备的动态范围”。信号的动态范围反映了信号的存在范围,设备的动态范围则反映了人类捕捉有效信号的能力范围。信号的动态范围决定于爆炸子波、大地吸收衰减、耦合效应、组合效应、组内高差以及噪音等因素,决定了检波器外壳接收到的机械地震信号的特性。设备的动态范围则与地震仪的 A/D 转换位数、采样率、前放增益以及检波器畸变等参数等有关。

地震信号能否被准确地记录下来(可记录性),决定于信号的动态范围与设备的动态范围两个方面。无论是设备的动态范围,还是信号的动态范围,均与地震信号的死亡线有密切关联,所有超过死亡线的信号都不能被识别或者利用。死亡线的划定既与地震信号自身的动态范围有关,也与地震设备能够提供的硬件的动态范围有关。在很多文献中都提到过“死亡线”的概念,但是多不统一。[5,44,63] 笔者认为,“死亡线”的定义应为:在某种确定设备条件下,信号可以被记录并辨识的幅度范围或者频率范围,任何超出此范围的地震信号所携带的地质信息都难以被正确地解读。

一、影响地震信号可记录性的因素

在地震采集阶段,也就是地震信号自震源激发到被记录到磁带上的过程中,影响地震信号可记录性的因素主要包括以下几个方面。

(1)大地吸收衰减。大地对地震信号有吸收衰减作用。计算表明,低降速带对高频有效波的吸收尤为强烈。对于 160 Hz 反射波而言,地表 15 m 的吸收量相当于地下传播数千米的吸收量。在沙漠或者黄土塬地区,大地吸收更加明显。

(2)组合效应。检波器组合是野外采集阶段普遍采用的压制干扰波的方法之一。规则干扰波的视速度比较有规律,所以相对容易预测。组合对有效反射波的压制,则会因为不同地质构造、不同观测系统等因素而不同。如果仅仅考虑检波器组合效应因素,随着沿排列组合基距的减小,组合对反射波的压制量显著减小,会在一定程度上提高地震信号的可记录性,拓宽数据的有效频带。[2]

(3)组内高差。R. E. Sheriff 曾经指出,相对高程的微小变化、埋置条件或表层速度的差异都极易产生数毫秒的时差,这就构成了一个高截滤波器。野外组合中的时差包括各检波器及可控震源各震点之间相对高程的不同而导致的时差。

(4)爆炸子波。对于震源激发的子波而言,子波的能量、频谱对于地震信号能否被有效记录到磁带数据中具有重要影响。合理选择震源子波,提高子波主频,可在一定程度上补偿大地吸收作用对高频信号的影响,提高有效波高频记录极限并改善记录的分辨率。

(5)检波器-大地耦合。在勘探地震学中,检波器与地表介质的耦合指检波器与大地组成的振动系统对大地质点实际振动的响应程度。耦合响应是一个低通滤波器,对于地震信号具有非常强的改造作用,进而可以影响地震信号的可记录性。

(6)噪声。除去信号自身的因素以外,噪声是另外一个影响地震信号可记录性的重要因素。噪声的振幅一旦超过信号,任何采集设备都难以发挥作用。因为检波器、地震仪只是忠实地记录大地的震动,并不能分辨其是信号还是干扰。对于陆上石油勘探而言,风吹草动引起的高频微震干扰太强,大大超过中深层反射的高频信号,是提高地震信号可记录性的一大矛盾。所以,施工地区的环境噪音,包括次生噪音的强度,是决定高频信号能否被记录下来的另一个重要因素。

对影响地震信号可记录性的因素作具体分析,可以为道距的选择提供依据。但是,对于不同震源、不同地区、不同检波器,地震信号的可记录性是不同的。毕竟,无论对于噪声还是信号而言,每个工区的每一炮、每个检波器都有其特殊性。实际情况肯定比以上因素复杂得多。所以,以下内容希望表达的是一种分析的方法,而非准确的结果。

(一)大地吸收衰减

地震波在地下介质中传播时,振幅随介质类型的不同、传播距离的增加呈现不同的特征,由于上覆介质对地震波的吸收衰减,地震波的频带及相位也会发生显著变化。

大地吸收是影响地震分辨率的最重要因素之一。李庆忠院士经过研究,提出了地层吸收 Q 值与纵波传播速度 v_p 之间的经验公式:

$$Q = 14v_p^{2.2} \qquad [5] \qquad (4-4)$$

式中,纵波速度 v_p 单位为 km/s,进而可知衰减系数

$$\beta = 1.949v_p^{-2.2} \qquad (4-5)$$

以上经验公式可以大致说明吸收衰减的规律,但目的并不是由 v_p 去推定岩石的具体物性参数 Q,而是帮助我们理解大套地层吸收的总趋势。例如:① 潜水面以下,沉积岩的速度 v_p 一般随埋深的增加由 1 800 m/s 逐渐增加到 5 000 m/s,由公式4-4可以估计其 Q 值大致从 40 逐渐增加到 500;② 基岩内部 v_p 一般为 6 000~7 500 m/s,其 Q 值为 700~1 200;③ 地表低降速带中 Q 值变化很大,低速带 v_p 从 320~600 m/s,其 Q 值约从 1.2 上升到 4,降速带 v_p 自 700~1 500 m/s,相应 Q 值为 6~30。

在这个经验公式的基础上,根据工区内地层的 v_p 层速度剖面,就可以建立一个大致符合实际的吸收衰减模型,从而为研究高频反射信息被衰减的程度提供依据。

为了方便问题的讨论,采用新生代盆地平均速度 v 随埋深 H 线性增加的公式 $v = v_0 \cdot (1 + H \cdot \alpha)$($v_0 = 1.8$ km/s,$\alpha = 0.16$,H 单位为 km)以及内插的方法可以得到一个典型地层的地质模型(表 4-1)。

表 4-1　新生界盆地地质模型数据

目的层	t_0(s)	深度(m)	厚度(m)	层速度(m/s)	平均速度 v(m/s)
T_1	0.5	484	484	1 936	1 936
T_2	1	1 051	567	2 268	2 102
T_3	1.5	1 721	670	2 680	2 294
T_4	2	2 527	806	3 224	2 527
T_5	2.5	3 514	987	3 948	2 811
T_6	3	4 751	1 237	4 948	3 167

在水平叠加的时候,不同炮检距地震道接收到地震波的传播路径不同(图 4-39),所以不能全部按照垂直的综合地层吸收量来计算水平叠加后的整个道集的平均吸收量,而应该根据不同炮检距检波点的吸收衰减量进行平均。经过计算可知,垂直的综合吸收衰减量与叠加后的综合吸收衰减量相差不大。其主要原因是反射波在浅层纵波速度小、吸收量大的地层中传播时,其入射角比较小,接近垂直传播。

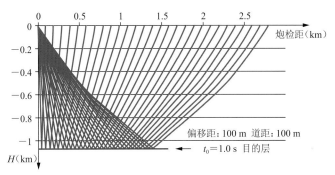

图 4-39　反射波传播路径示意图

采用表 4-1 地质模型中的数据,结合华北平原地区典型的低降速带厚度、速度(低速带:$v_0 = 400$ m/s,$h_0 = 2$ m;降速带:$v_1 = 600$ m/s,$h_1 = 3$ m;高速层:$v_2 = 1 050$ m/s,$h_2 = 15$ m),计算华北平原地区典型地层的吸收衰减情况(表 4-2)

表 4-2　华北平原地区典型吸收衰减

目的层	深度(km)	厚度(km)	层速度 v_p(km/s)	双程(2) 单程(1)	旅行时(s)	衰减系数 β(dB/λ)	层吸收指数 $G = \Delta t \cdot \beta$(dB/Hz)	累计吸收衰减量(dB/Hz)
低速带	0.002	0.002	0.36	1	0.005	18.447 9	−0.102 5	−0.102 5
降速带	0.005	0.003	0.6	1	0.01	5.996 24	−0.03	−0.132 5
高速层	0.015	0.01	1.05	1	0.02	1.750 63	−0.016 7	−0.149 1
T_2	1.066	0.567	2.268	2	1.02	0.322 44	−0.161 4	−0.537 1
T_4	2.542	0.806	3.224	2	2.02	0.148 39	−0.07 42	−0.722 5
T_6	4.766	1.237	4.948	2	3.02	0.057 78	−0.028 9	−0.798 8

从表 4-2 可以看出,低降速带对有效波的吸收是最强烈的。计算可知,对于 160 Hz 反射波来说,地表 15 m 的吸收量相当于地下传播几千米的距离。

同理,可以计算新疆塔里木盆地沙漠地区各目的层的大地吸收衰减量。高大疏松的沙丘对地震波吸收强,能量衰减更为严重。

以沙丘曲线为基础,根据地面相对高速层顶界的延迟时间 Δt 与平均速度的关系,将每10 ms 划分为一层,可以计算出表层沙丘的吸收量(表 4-3)。然后,假设表层沙丘的平均厚度为50 m(Δt =90 ms),仍然采用表 4-1 模型中的数据,可以计算该地区的典型吸收衰减情况(表 4-4)。

表 4-3　依据沙丘曲线每 10 ms 分为一层计算沙丘的大地吸收量

t(ms)	沙丘厚度(m)	平均速度 v(km/s)	层速度(km/s)	衰减系数 β(dB/λ)	双程(2)单程(1)	层吸指数 $G=\Delta t \cdot \beta$(dB/Hz)	累计吸收衰减量(dB/Hz)
10	3.6	0.358	0.388	15.636	1	−0.156	−0.156
20	7.7	0.385	0.436	12.098	1	−0.121	−0.277
30	12.3	0.410	0.484	9.615	1	−0.096	−0.373
40	17.4	0.434	0.532	7.810	1	−0.078	−0.452
50	22.9	0.459	0.580	6.458	1	−0.065	−0.516
60	29.0	0.483	0.628	5.422	1	−0.054	−0.570
70	35.5	0.507	0.676	4.611	1	−0.046	−0.617
80	42.5	0.531	0.724	3.965	1	−0.040	−0.656
90	50.0	0.555	0.772	3.443	1	−0.034	−0.691
100	57.9	0.579	0.820	3.015	1	−0.030	−0.721
110	66.4	0.604	0.868	2.660	1	−0.027	−0.747
120	75.3	0.628	0.916	2.363	1	−0.024	−0.771
130	84.7	0.652	0.964	2.112	1	−0.021	−0.792
140	94.6	0.676	1.012	1.898	1	−0.019	−0.811
150	104.9	0.700	1.060	1.714	1	−0.017	−0.828
160	115.8	0.724	1.108	1.555	1	−0.016	−0.844
170	127.1	0.748	1.156	1.417	1	−0.014	−0.858
180	138.9	0.772	1.204	1.295	1	−0.013	−0.871
190	151.2	0.796	1.252	1.189	1	−0.012	−0.883
200	164.0	0.820	1.300	1.094	1	−0.011	−0.894

表 4-4　塔里木盆地沙漠地区典型地层的吸收衰减

目的层	深度(km)	厚度(km)	层速度(km/s)	双程(2)单程(1)	层内旅行时 Δt(s)	旅行时(s)	衰减系数 β(dB/λ)	层吸收指数 $G=\Delta t \cdot \beta$(dB/Hz)	累计吸收衰减量(dB/Hz)
表层沙丘	0.05	0.05	0.772 1	1	0.09	0.09	3.442 9	−0.810 77	−0.810 77
T_2	1.101	0.567	2.265	2	0.5	1.09	0.322 44	−0.161 4	−1.198 67

续表

目的层	深度(km)	厚度(km)	层速度(km/s)	双程(2)单程(1)	层内旅行时 Δt(s)	旅行时(s)	衰减系数 β(dB/λ)	层吸收指数 $G=\Delta t \cdot \beta$(dB/Hz)	累计吸收衰减量(dB/Hz)
T_4	2.577	0.806	3.223	2	0.5	2.09	0.148 39	−0.074 2	−1.384 07
T_6	4.801	1.237	4.949	2	0.5	3.09	0.057 78	−0.028 9	−1.460 47

从表 4-4 可以看到,由于新疆沙漠地区巨厚沙丘低(降)速带的存在,使得同一目的层在新疆地区的衰减量接近华北地区衰减量的 1.8～2.8 倍(目的层越浅,差距越大)。可见表层低降速带的变化导致了大地吸收量的巨大变化(图 4-40,以准噶尔某测线为例),进而使得高频信号在到达地面之前受到不同程度的衰减(图 4-41,以塔中某工区的地震记录为例)。所以说,低降速带的厚度,在很大程度上决定了可以接收到的高频信号的范围。

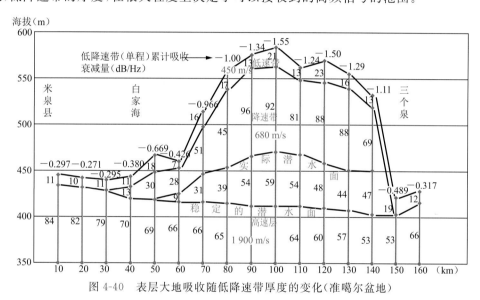

图 4-40　表层大地吸收随低降速带厚度的变化(准噶尔盆地)

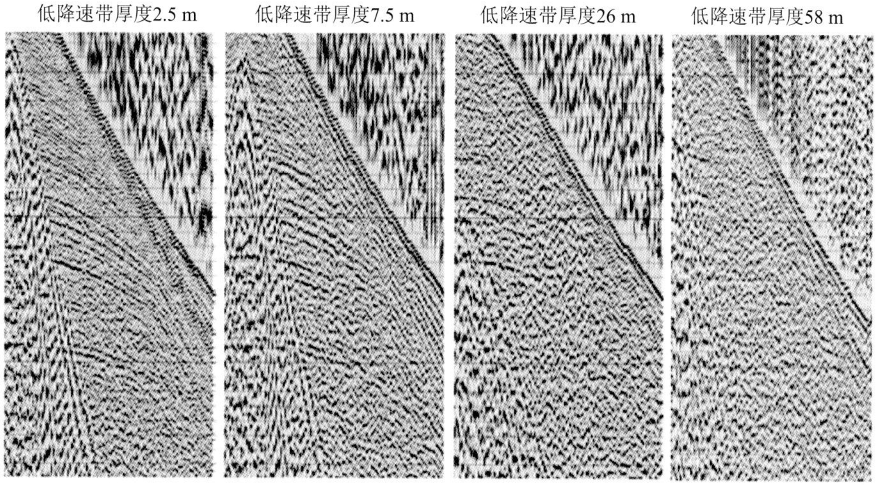

低降速带厚度 2.5 m　　低降速带厚度 7.5 m　　低降速带厚度 26 m　　低降速带厚度 58 m

图 4-41　塔中地区不同沙丘厚度共检波点道集记录(据陈学强)

(二) 沿排列方向的组合效应

地震信号记录的最大动态范围是有一定限制的,不同地区不同目的层有着不同的大地吸收量,所以对于不同地区、不同目的层就存在可以被仪器接收到的最高频率,称为"死亡频率"。所有超过死亡频率的信号,由于各种原因都不能够再被分辨出来。以华北平原地区(表 4-4)为例,计算不同目的层可以接收到的最高频率(图 4-42,假设最大动态范围 -60 dB)。从图 4-42 可见,只考虑大地吸收的因素,目的层 T_2 能够被记录的最高频率是 112 Hz,最深目的层 T_6 能够被记录的最高频率仅为 76 Hz。

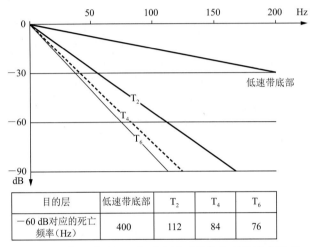

目的层	低速带底部	T_2	T_4	T_6
-60 dB对应的死亡频率(Hz)	400	112	84	76

图 4-42　华北平原地区典型地层可以接收到的最高频率

检波器组合是目前普遍采用的压制干扰波的方法之一。因为规则干扰波的视速度是较为固定的,所以比较容易分析。组合对有效反射波的压制,则需要根据不同的地质模型、不同的观测系统等因素作具体的讨论。

反射波时距曲线与视速度、压制系数 Φ 计算公式:

$$t = \frac{1}{v}\left[x^2 + 4H^2 - 4xH\sin\theta\right]^{1/2} \qquad [3] \tag{4-6}$$

$$v^* = \frac{v^2 t}{x^2 - 2H\sin\theta} \tag{4-7}$$

$$\Phi(n, v^*) = \frac{\sin(n\omega\Delta x/2v^*)}{n\sin(\omega\Delta x/2v^*)} \tag{4-8}$$

式中,t——双程反射时(s);

$\quad x$——炮检距(m);

$\quad v$——平均速度(m/s);

$\quad H$——界面深度(m);

$\quad \theta$——界面倾角(°);

$\quad v^*$——视速度(m/s);

$\quad n$——检波器个数;

$\quad \Delta x$——组内距(m);

ω——圆频率。

根据公式(4-7)、公式(4-8),可以画出表 4-1 模型中不同目的层的时距曲线图以及不同炮检距处的视速度、压制系数(图 4-43)。然后针对某一组合基距、某一频率,将某一目的层反射双曲线上的不同炮检距的压制系数相加,并除以接收道数(切除后),可以看作完成了水平叠加,就得到了对应该目的层、该组合基距、该频率的有效波的水平叠加后的压制量。在此基础上,做出了不同组合基距、不同频率、不同倾角以及不同 t_0 的反射波经过初至切除及水平叠加后的振幅衰减曲线(图 4-44)。

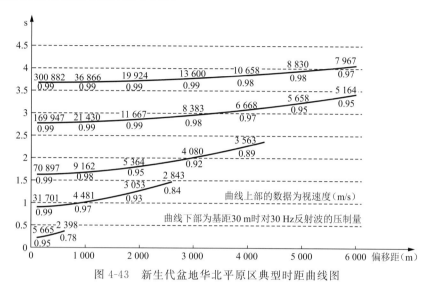

图 4-43　新生代盆地华北平原区典型时距曲线图

从图 4-44 看到,对于同一组合基距、不同 t_0 目的层而言,浅层的压制量要远远大于深层;对于同一 t_0 目的层而言,大组合基距的压制量要大于小的组合基距。如果只是从图

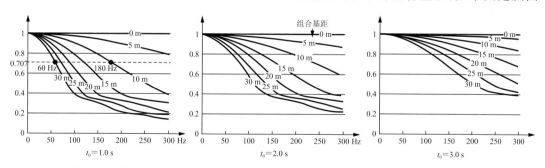

图 4-44　华北平原地区水平目的层不同组合基距(0～30 m)对反射波的压制曲线
因为计算时采用雷克子波,并且考虑了反射双曲线上的视速度变化、各道水平叠加的统计效果
以及浅层切除后道数减少等因素,所以结果与采用简谐波进行计算有所不同,曲线出现小抖动

4-44 来考察组合基距对于反射波的压制,就会得出结论:随着组合基距的减小,组合对反射波的压制量显著地减小。以 $t_0=1$ s 水平目的层为例,如果将组合基距由 30 m 减小到 10 m,截止频率(0.707)会从 60 Hz 提高到 180 Hz(如图 4-44 左图两个黑点所示),从而给人以错误的认识,认为在组合不跨道的情况下,减小道距会大大降低由组合导致的对反射波的压制,进而极大地提高目的层的主频。但是如果结合大地对反射波的吸收及组内高差等因素

做综合考虑后,这种道距因素对有效波的影响就不占主要地位了。

(三) 组内高差

R. E. Sheriff 指出,相对高程的微小变化、埋置条件或表层速度的差异都极易产生数毫秒的时差,这就构成了一个高截滤波器(图 4-45)。野外组合中的时差包括各检波器及可控震源各震点之间相对高程的不同而导致的时差。

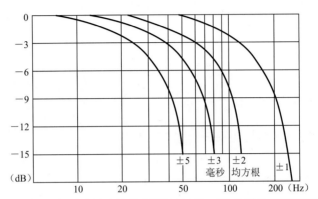

图 4-45　组合检波各检波器之间时差的滤波效应[据 R.E.Sheriff,曲线是指不同标准偏差(以毫秒计)]

假设由于高差引起的组内时差也大致为一个服从正态分布概率的情况,这种正态分布的概率函数有如下公式:

$$P_{\mathrm{N}}(x) = \frac{1}{\sqrt{2\pi} \cdot \sigma} \cdot \mathrm{e}^{\left[-\frac{(x-\mu)^2}{2\sigma^2}\right]} \qquad ^{[44]} \qquad (4\text{-}9)$$

式中,P_{N}——误差概率;

$\quad x$——组合高差导致的时差(ms);

$\quad \sigma$——组内时差均方根值(ms,σ^2 为方差);

$\quad \mu$——组内时差的平均值。

当均值 μ 为零,且方差 σ^2 为 1 时,称为标准正态分布,有公式:

$$P_{\mathrm{N}}(x) = \frac{1}{\sqrt{2\pi} \cdot \sigma} \cdot \mathrm{e}^{\left(-\frac{x^2}{2}\right)} \qquad (4\text{-}10)$$

其形态如图 4-46(b)。当 $x = 0$ 时,概率的峰值为 $1/\sqrt{2\pi} \approx 0.3989$;$x = \pm 1$ 就是代表典型均方根误差大小的地方。

根据图 4-46 可知,如果静校正均方根误差趋近于零,其正态分布曲线将压缩成一个尖锐的冲激函数 $\delta(t)$,那么,对于接收反射波就没有滤波作用了。而现在图 4-46(a)或 4-46(b)就相当于时间域的一种滤波算子,它具有高频的压制作用。标准正态分布的公式 4-10 的振幅谱可以表达为式 4-11:

$$A(f) = \mathrm{e}^{-2(\pi f \sigma)^2} \qquad (4\text{-}11)$$

将静校正误差为 ± 1 ms 的情况作频谱分析,其结果如图 4-47 所示。显然,高频受到了压制,即 142 Hz 的振幅下降了 -3 dB,而 186 Hz 下降到 -6 dB(即一半)。

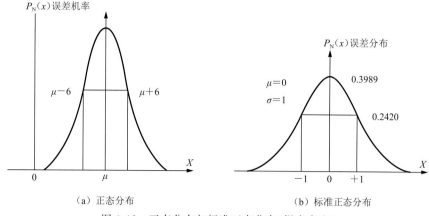

（a）正态分布　　　　　　　　　　　（b）标准正态分布

图 4-46　正态分布与标准正态分布（据李庆忠）

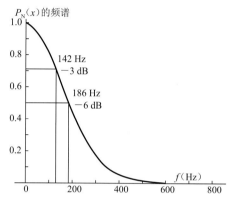

图 4-47　正态分布的静校正误差对高频信息的压制作用（均方根误差为±1 ms，据李庆忠）

因此，也可以用以下经验公式表达高截频值：

$$f_{hc} = \frac{186(\mathrm{Hz})}{\sigma(\mathrm{ms})} \tag{4-12}$$

根据这个经验公式计算可知：

（1）当野外井口 τ 值不准、有±3 ms 的均方差时，62 Hz 有效波振幅下降一半。

（2）野外组合道内时差为±2 ms 时，93 Hz 有效波振幅下降一半。

高频信号振幅下降会使高频端的信噪比相对下降。更为严重的是，静校正误差实际上造成了一种滤波作用。这种滤波算子是非零相位的，它会造成各叠加道子波的相位特性不一致，即子波的波形不一致，使水平叠加后不能实现同相叠加。

采用不同的子波，同时由程序随机产生一系列均值为 0 的、高斯分布的、随机的静校正时差量，将其作为静校正值；并据其移动子波后叠加，可以用来研究其波形变化以及振幅变化，结果见图 4-48。图 4-48 为一个衰减余弦子波与一个雷克子波在不同均方根静校时差比值情况下的波形图（每个波形叠加 100 次）。将这 100 个随机时差的均方根值与子波视周期求一个比值，成为静校时差比值 RS。图中 RS 由上向下逐渐增加，最上面是子波原始波形。在下半部时差比值大于 0.25 的情况下，可以看出明显的畸变，零相位子波变得左右不对称。此时，主峰的相对振幅已衰减 50% 以下（对于脉冲子波叠加振幅永远不会等于零）。

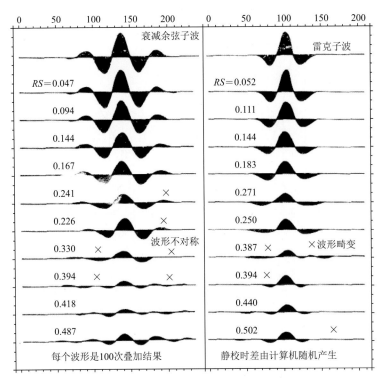

图 4-48　静校正引起的波形畸变(据李庆忠)

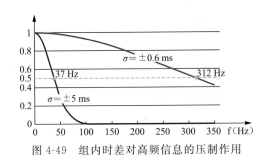

图 4-49　组内时差对高频信息的压制作用

从图 4-48 可以判断:静校正误差如果使振幅下降 50% 以上,则其子波波形也已经发生畸变。[44]

可以采用两种方法对组内高差进行统计:① 用每个检波点的高程与低速带的速度 v_0 进行理论推算;② 近似地用静校正量作为组内时差。经过计算,两种方法的计算结果基本一致。华北平原地区的均方根组内时差在 $0.4 \sim 1$ ms 之间,新疆大沙漠地区中则可以达到 5 ms 甚至更大。

因为公式(4-11)的振幅谱可以表达组内时差对高频信息的压制作用,所以可以作出华北平原地区组内时差(假设均方根值 0.6 ms)以及新疆沙漠地区组内时差(假设均方根值 5 ms)对高频信息的压制曲线(图 4-49)。由图 4-49 可见,如果把 $0.5(-6$ dB$)$ 作为截频点的话,组内时差就构成了截频分别为 312 Hz(± 0.6 ms)和 37 Hz(± 5 ms)的高截滤波器。

(四) 爆炸子波与检波器-大地耦合

对于具体的井炮与检波器而言,可以用图 4-50 中所示曲线来表示其振幅谱。二者对地震信号的影响因具体井炮所激发的子波以及不同检波器埋置条件的差异而不同。

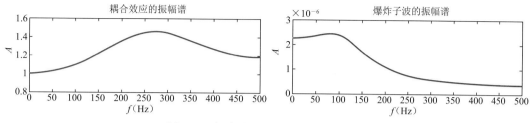

图 4-50　耦合效应与爆炸子波的振幅谱

（五）噪声

图 4-51 调查了济阳坳陷东营某地区信号与噪声强度的相对态势。当然，图 4-51 只是调查了环境噪声，不包含次生噪声（次生噪声很难量化表达）。同时，该地区的环境噪声显然比山地、沙漠、山前等复杂地表地区要小得多。

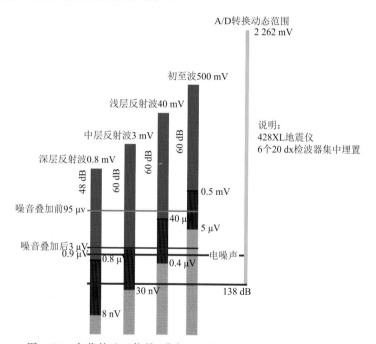

图 4-51　东营某地区信号、噪声以及检波器动态范围影响示意图

二、小　结

综合以上因素（大地吸收、组合效应、组内高差、爆炸子波、耦合效应）可以计算不同道距情况下对应的死亡频率。因为地质条件不同、震源子波不同、耦合效应不同，并不能得出一个统一的死亡线的门槛值。但是，可以确定的是，在以上条件的综合影响下，缩小道距对提高可以接收到反射波的频率的作用大大降低了，特别是在低降速带影响比较大的地区。

比如，在低降速带吸收较弱的华北平原地区，某一确定模型时，把常规的组合基距 30 m 缩小到 5 m，可以记录到的 2 s 目的层最高频率可以增加 20 Hz，通频带的中间频率（主频）大约增加 10 Hz。

如果在沙漠、黄土塬等强吸收地区,将组合基距由 30 m 缩小到 5 m,由于其主频大大降低,所以由于道距差异导致的死亡线差异就变得非常小,或者说加密空间采样密度对于提升高频的作用就非常有限(因为几乎没有高频可以"提")。如果在海上,海水不存在吸收,通过加密道距提升死亡频率,扩展频带宽度的效果就会比较明显。

第四节　合理的检波器数量

在目前的野外实践中,采用的检波器数量越多越有利于压制干扰波的观点,正在很多施工实例中得到体现。这在一定程度上降低了施工效率,特别是在地表极端复杂的地区。所以,有必要对组合中检波器的数量对相干噪音、环境噪音、检波器内部噪音以及耦合高频微震等各类噪音的衰减能力的影响进行研究,以期在施工中采用合理的检波器数量,在保证采集质量的前提下提高施工效率。

一、检波器组合的方向性效应随检波器数量变化的规律

(一) 简谐波、等灵敏度线性组合的方向特性[3]

对于直线等灵敏度组合的方向特性(简谐波),有公式

$$\Phi(n,\Delta x,\lambda_a)=\frac{\sin\left(\pi\cdot\dfrac{n\cdot\Delta x}{\lambda_a}\right)}{n\cdot\sin\left(\dfrac{\pi\cdot\dfrac{n\cdot\Delta x}{\lambda_a}}{n}\right)} \tag{4-13}$$

式中,n——检波器个数;

Δx——组内距;

λ_a——视波长。

在检波器组合中,真正对组合效应起作用的是"有效组合基距"L,即检波器个数 $n\cdot$ 组内距 Δx,而不是平常所说的"组合基距"(或组合跨距),即 $(n-1)\cdot\Delta x$。

令 $\gamma=\dfrac{n\cdot\Delta x}{\lambda_a}$,即有效组合基距($L=n\cdot\Delta x$)与干扰波视波长($\lambda_a$)之比。当 $\gamma=1$ 时,代表有效组合基距=视波长。

根据式(4-13),得到

$$\Phi(n,\gamma)=\frac{\sin(\pi\cdot\gamma)}{n\cdot\sin\left(\dfrac{\pi\cdot\gamma}{n}\right)} \tag{4-14}$$

因为对于绝大多数地区来说,沿地面传播干扰波的视波长一般在 $10\sim200$ m 之间,如果用最大干扰波视波长作为有效组合基距的话,可知 γ 在 $1\sim20$ 之间。根据公式(4-14),可以计算出不同检波器数量对应的方向特性曲线(图 4-52,以 12、100 个检波器为例)。

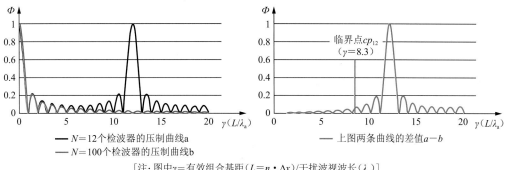

[注:图中γ=有效组合基距($L=n\cdot\Delta x$)/干扰波视波长(λ_a)]

$N=12$与$N=100$个检波器的压制曲线比较

图 4-52 $N=12$时对应的临界点(谐波)

为了方便问题的讨论,提出几个概念。

(1) 理想压制效果:单纯从检波器数量对组合方向特性影响的角度来考虑,当γ处在某个范围($\gamma_{\min}\sim\gamma_{\max}$)内时,采用多于$n$个(包括$n$个)检波器时,与100个检波器的方向特性比较,相差不超过一定数值(比如0.05),我们就认为采用n个检波器达到了理想压制效果,也就是与100个检波器相当的衰减干扰波的效果。

(2) 临界点cp:不同个数检波器的压制曲线与100个检波器的压制曲线比较,差距超过一定数值(比如0.05)时的第一个点对应的γ值(如图4-52中,$cp_{12}=8.3$,每隔0.01计算一个点)。

(3) 最经济检波器个数n:在$\gamma_{\min}\sim\gamma_{\max}$范围内,与100个检波器的压制曲线误差不超过一定范围(比如0.05)的最少检波器个数(图4-52,如果γ的范围是0~8.3,则达到理想压制效果的最经济检波器个数$n=12$)。

从图4-52可以看出,如果只是要压制规则干扰波,只要γ不超过8.3,12个检波器与100个检波器对干扰波的压制效果的差距不会超过0.05,也就是说,差别很小;根据同样的方法,计算了不同检波器个数(1~20)对应的临界点值(表4-5)。

表 4-5 不同检波器个数(n)对应的临界值(cp)

检波器个数(n)	1	2	3	4	5	6	7	8	9	10
临界点数值(cp)	0.18	0.39	1.2	1.4	2.3	3.26	3.46	4.39	5.35	6.33
检波器个数(n)	11	12	13	14	15	16	17	18	19	20
临界点数值(cp)	7.31	8.3	9.29	9.49	10.45	11.43	12.41	13.4	14.39	15.36

从表4-5可以知道,单纯从压制规则干扰波的需要而言,只要γ不超过临界点cp,那么最多采用γ_{max}对应的最经济检波器个数n,就会达到与100个检波器几乎相同的压制效果(相差不超过0.05)。同理,计算了不同γ值对应的最经济检波器个数(n)(图4-53)。从图4-53可以看出,如果某个工区最大的$\gamma_{max}=8.3$,那么采用12个检波器,就可以达到与100个检波器几乎相同的对规则干扰波的压制效果。

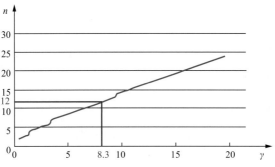

图 4-53　不同临界点对应的最经济检波器个数(谐波)

(二) 脉冲波、等灵敏度线性组合的方向特性

以上计算了在简谐波情况下检波器个数对于组合方向特性的影响。但是,地震勘探中的各种干扰波都是以脉冲波而不是简谐波的形式出现的,所以采用阻尼余弦子波代表干扰波,分析线性等灵敏度检波器组合对规则干扰波的压制能力。

(1) 首先假设组合前的干扰波[图 4-54(a),10 Hz 阻尼余弦子波],经过图 4-54 中的检波器组合(检波器个数 $h=12$,有效组合基距 $L=120$ m,组内距 $dL=10$ m)后,干扰波(视速度 $v=1\,000$ m/s,视波长 $\lambda_a=100$ m)的波形变为图 4-54(b)。经过计算可知,组合后的方向特性 Φ(组合后的最大振幅 max_b/组合前的最大振幅 max_a)$=0.1245$(图4-55)。

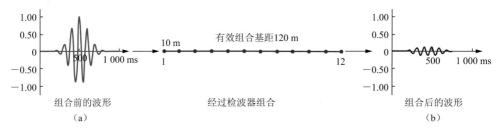

图 4-54　检波器组合对沿地面传播规则干扰波的压制作用示意图

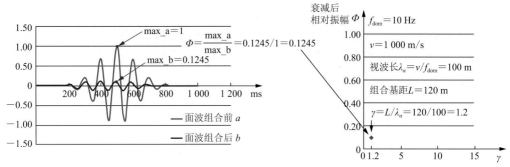

图 4-55　用组合后最大振幅除以组合前最大振幅表示干扰波的压制程度

(2) 根据同样的方法,分别计算了 12 个、100 个检波器,干扰波视波长在 30~250 m 之间、有效组合基距在 10~250 m 之间时的检波器组合方向特性曲线(图 4-56 左图)。

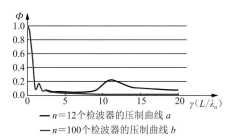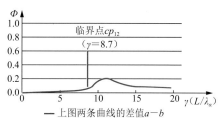

— $n=12$个检波器的压制曲线 a
— $n=100$个检波器的压制曲线 b
— 上图两条曲线的差值 $a-b$

[注：图中 $\gamma=$ 有效组合基距（$L=n\cdot\Delta x$）/干扰波视波长（λ_a）]

$n=12$ 与 $n=100$ 个检波器的压制曲线比较（脉冲波）

图 4-56　$n=12$ 时对应的临界点（脉冲波）

从图 4-56 左图可以看出，在检波器个数固定为 12 个时，组合的压制曲线随着 γ 即有效组合基距与视波长之比，逐渐变小。

（3）参照简谐波的做法，同样可以计算出脉冲波情况下，$n=12$ 个检波器的临界点（图4-56右图）。

（4）同样，也可以计算出脉冲波情况下，不同临界点对应的最经济检波器个数（图4-57蓝线）。

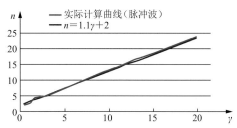

图 4-57　不同临界点 γ 值对应的最经济检波器个数曲线

将图 4-57 蓝线进行拟和，可知最经济检波器个数 n 随临界点 γ 变化的曲线符合 $n=1.1\gamma+2$ 的变化规律（图 4-57 粉线）。同时，因为大多数工区的 γ 均小于 10，在这种情况下为了简便起见，可以用 $n=\gamma+3$ 来推算工区的最经济检波器个数。

以上规律说明以下两点。

（1）只要采用某个工区的 γ_{max}（即组合基距/最小干扰波视波长）+3 个检波器，就会使得组合的压噪能力与 100 个检波器相比不会相差 0.05，或者说与 100 个检波器的压噪效果基本相当。

（2）在组合基距一定的情况下，有效压制小波长的干扰波需要更多的检波器；因为在组合基距一定的情况下，γ_{max} 决定于干扰波中最小的波长。

（三）脉冲波、面积组合的方向特性

根据以上结论，可以首先推算出沿排列以及垂直排列两个方向所需的最经济检波器个数。假设干扰波视波长在 30～250 m 之间。

1. 沿排列方向

在目前多数野外采集中，道距一般在 10～90 m 之间，这样沿排列方向 γ 的范围就在 [$\gamma_{min}=0.04(10\ m/250\ m)$]～[$\gamma_{max}=3(90\ m/30\ m)$] 之间。那么沿排列方向需要的最经济

检波器个数就是 3+3=6，即在沿排列方向最多采用 6 个检波器，就可以得到理想压制效果。

2. 垂直排列方向

在垂直排列方向，如果采用沿排列的线性组合，那么其在垂直排列方向的组合基距就是 0 m；如果采用垂直排列拉开的组合方式，其拉开的跨距最大一般为最大干扰波的一个视波长，通常不会超过 250 m。也就是说，垂直排列方向的组合基距范围在 0~250 m 之间。根据同样的计算方法，可得垂直排列方向的 γ 的范围是在（$\gamma_{min}=0$）~（$\gamma_{max}=8.3$）之间。那么垂直排列方向最多采用 8.3+3≈12 个检波器，就可达到理想压制效果。

根据以上结论，采用图 4-58（左图）所示的检波器组合方式（沿排列 6 个检波器，垂直排列 12 个检波器，共计 36 个检波器；假设干扰波视波长 30 m），计算其玫瑰图（图 4-59 图中蓝线）。然后，在保证有效组合基距不变的前提下，将沿排列以及垂直排列的检波器个数全部增加到 12 个，共计 12×12=144（个）检波器（图 4-58 右图），然后计算其玫瑰图（图 4-59 红线）。从图 4-59 中两种组合形式玫瑰图的比较来看，两条曲线之间的差值最大没有超过 0.05，或者可以说，采用图 4-58 左图 36 个检波器的组合，就可以达到几乎与 144 个甚至更多个检波器相当的压噪效果。在这种情况下，增加检波器不会显著地提高组合的压噪能力。

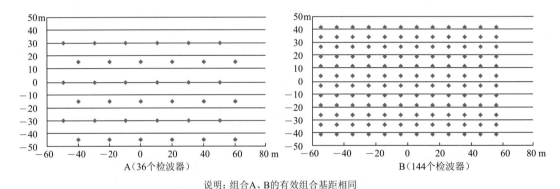

说明：组合A、B的有效组合基距相同

图 4-58　有效组合基距相同的两种检波器组合（1）

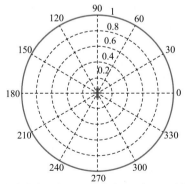

说明：蓝色曲线对应图4-58中检波器组合A（36个检波器），
红色曲线对应图4-58中检波器组合B（144个检波器）

图 4-59　图 4-58 两种检波器组合对应的玫瑰图

文献[3]中提出：在最有利的情况下，组合的方向性效应与组合内检波器的个数相等，检波器个数 n 越多，信噪比的改善程度越大。如果从地震勘探的角度来看，这种说法容易形成误导。因为所谓最有利的情况,实际上指的是组内距大于干扰波视波长的情况,也就是组内距/视波长>1时。在这种情况下,干扰波被衰减后的最大振幅是组合前最大振幅的$1/n$(n为检波器个数)。但是,应该认识到,目前这个范围内的干扰波并不是影响信噪比的主要因素。

二、检波器数量对随机干扰压制能力的影响(统计性效应)

对于风吹草动等产生的随机干扰,从微观层面上,也就是在道间距为厘米级而不是米级时,这种干扰也是有规律的。只不过因为存在数量众多的来自不同方向、不同强度、不同速度的干扰波相互叠加,才导致了这种干扰在普通的检波器组合(组内距多为数 m)中表现出随机性。

文献[3]中关于组合压制随机干扰的一个重要结论:当组内各检波器之间的距离大于该地区随机干扰的相干半径时,用 n 个检波器组合后,对垂直入射到地面的有效波,其振幅增加了 n 倍;对于随机干扰,其振幅只增加了 $\sqrt{n}$ 倍。因此,组合后,有效波相对增强了 $\sqrt{n}$ 倍。上述论述给人的印象是,在设计检波器组合的时候,应该使组内距大于随机干扰的相干半径,并使用尽量多的检波器个数,以便最大限度地提高信噪比。很多文献中的论述,也是主要针对组内距大于相干半径这一前提展开的。但是,在施工中的很多情况下,组内距并没有小于随机干扰的相干半径。这种情况下检波器组合对随机干扰的压制能力会是什么情况呢? 以东部某平原地区的干扰波调查资料(图 4-47,道距为 1 m 的环境噪音调查记录)为基础进行了计算。

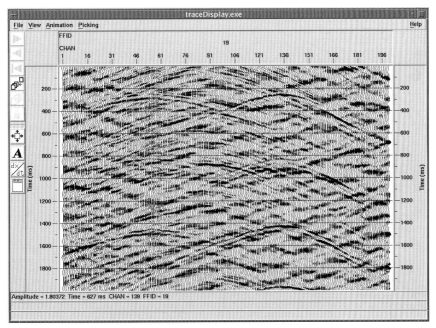

图 4-60　某地区干扰波调查记录(1 m 道距)

随机干扰的归一化的相关函数可以用公式(4-15)计算:

$$RR = \frac{R_{mm}(l\Delta x)}{R_{mm}(0)} = \frac{\frac{1}{n-l_i}\sum_{i=l}^{n-l}(m_i - \bar{m})}{\frac{1}{n}\sum_{i=l}^{n}(m_i - \bar{m})^2} \quad [3] \tag{4-15}$$

式中，n 为检波器个数，Δx 为组内距(m)，m 是随机干扰的波剖面函数，$l = 0,1,2,3\cdots\cdots$

根据有关定义，该地区随机干扰的相干半径为 5 m[图 4-61，据公式(4-15)，图中第一个零点对应的距离]，那么采用大于 5 m 的组内距是符合组内距超过相干半径这一要求的。此时如果采用 5 m 组内距，逐渐增加检波器个数(也就是逐渐增加组合基距)，得到图 4-62 中左上角的图;同理，当组内距分别为 8 m、10 m、15 m 时，得到图 4-62 其他部分的图。从图 4-62 可见，组合对随机干扰信噪比的改善是符合 $\sqrt{n}$ 这一规律的。

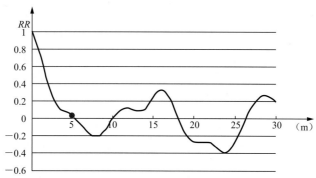

图 4-61　随机干扰的相关函数曲线

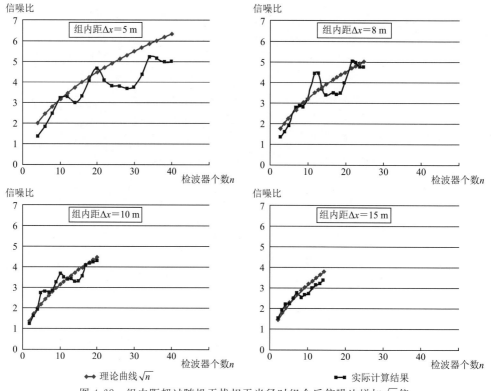

图 4-62　组内距超过随机干扰相干半径时组合后信噪比增加 $\sqrt{n}$ 倍

实际生产中设计组合基距的时候,无论 in-line 方向还是 cross-line 方向,都是有一定限制的。所以,应该在固定组合基距的前提下,看检波器个数变化对组合压噪能力的影响。

在图 4-60 所示干扰波调查记录的基础上,首先保证有效组合基距 50 m,然后将检波器数量由 5 个逐渐增加到 50 个(组内距依次为 10 m、9 m、8 m……1 m,包含了小于以及大于随机干扰相干半径 5 m 两种情况;分别录制了三个时间段 t_1、t_2、t_3),得到了不同检波器数量对应的组合后随机干扰的均方差振幅变化曲线(图 4-63)。由图 4-63 可见,尽管随着检波器数量的增加、组内距的减小,使得不同检波器之间的环境噪音彼此相干,但是随着检波器数量的增加,均方差振幅仍然逐渐变小,或者说信噪比依然有一定程度的提高。同时,在增加到 18 个检波器以上时,信噪比不再显著提高。也就是说,此时再增加检波器数量,不会对衰减随机噪音产生明显的效果。同样计算了固定组合基距 20 m、30 m、100 m 时均方差振幅的变化情况,也得到了类似的结论。

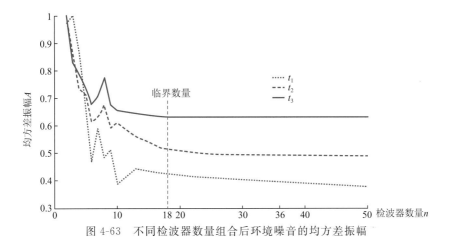

图 4-63　不同检波器数量组合后环境噪音的均方差振幅

所以,应该认识到以下两点。

(1) 在组合基距确定的前提下,增加检波器数量有利于信噪比的提高(包含组内距小于随机半径的情况),但是超过一定临界数量后,压噪能力不再发生明显变化。

(2) 应该使得检波器数量大致等于临界数量,采用过少的检波器达不到有效衰减环境噪音的作用(即使在组内距大于相干半径的情况下),采用过多的检波器则是设备的浪费。

三、检波器数量与检波器内部噪音以及耦合噪音的关系

即使在外界环境绝对平静的情况下,检波器仍然存在内部噪音;同时,检波器与大地之间的耦合也会产生高频微震。如果随着检波器数量的增加,检波器内部噪音或者耦合导致的高频微震显著增强,也会成为限制检波器数量增加的一个因素。为了分析以上两类噪音随检波器数量变化的规律,进行了以下试验:每 6 个单点检波器为一排,共计 6 排,形成一个 6×6 的小型排列,检波器之间距离 1 cm(图 4-64);然后,从 36 个检波器中随机抽取 1～36 个检波器进行累加、平均,计算其均方差振幅(可以代表噪音水平),得到图 4-65 中曲线 1;重复上述过程两次,得到图 4-65 中的累加曲线 2、3。因为在 40 cm×40 cm(考虑检波器本身体积因素)如此小的范围内,无论是环境噪音还是沿地面传播的相干噪音都不会产生明显的

变化,所以检波器与检波器之间噪音水平的变化仅仅反映了内部噪音与耦合高频微震的变化(这两类噪音都与空间位置无关)。据图 4-65 中累加曲线可知,无论是检波器内部噪声还是耦合高频微震,均没有随着检波器数量的增加而出现明显的增强或者削弱。换言之,检波器数量的变动对衰减这两类噪音没有影响。

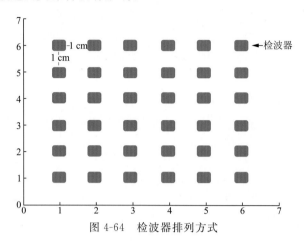

图 4-64　检波器排列方式

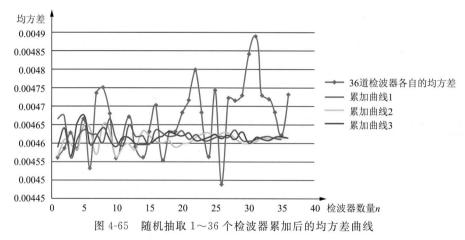

图 4-65　随机抽取 1～36 个检波器累加后的均方差曲线

四、野外试验

为了验证以上论证,在我国东部某地区进行了不同检波器数量的野外试验,检波器数量从 1 个逐渐增加到 10 个(图 4-66)。从对应的监视记录可见,检波器增加到 7 个以上时,记录面貌不再随着检波器数量的增加而出现更大程度的改进。该区干扰波视波长在 12.5 m～113 m 之间,组合基距 50 m,所以 $\gamma_{max}＝50/12.5＝4$,符合最经济检波器数量 $n＝\gamma_{max}＋3＝7$ 的规律。同时,经过计算,该区压制环境噪音的检波器临界数量为 6,这与野外试验的结果也是相符的。[64]

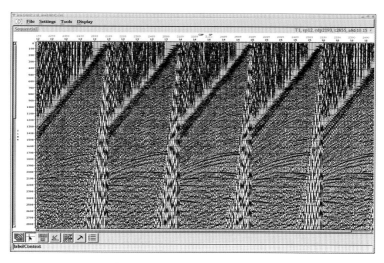

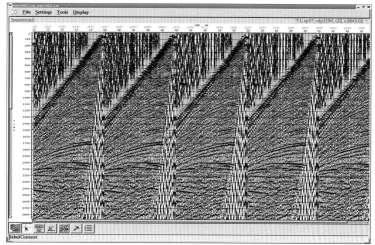

图 4-66　组合基距相同、检波器数量不同的监视记录

（上图由左至右检波器数量分别为 1、2、3、4、5；下图由左至右分别为 6、7、8、9、10）

五、小　结

经过论证，本书认为，检波器数量与相干噪音、环境噪音、检波器内部噪音以及耦合高频微震等不同类型噪音之间的关系可以归结为表 4-6。

表 4-6　不同类型噪音与合理检波器数量的关系

	噪音类型	合理检波器数量
1	相干噪音	$\gamma_{max}+3$
2	环境噪音	确定组合基距的前提下，检波器个数越多，压噪能力越强（包括组内距小于随机干扰相干半径时）；但是，当检波器达到某个临界数量时（决定于环境干扰的参数），压噪能力不再明显提高
3	检波器内部噪音与耦合高频微震	无明显关联

同时,在施工中应该做到以下几点。

(1) 通过选择合理的 in-line 以及 cross-line 方向的组合基距以及参与混波的道数,使得 γ_{min} 接近 1,也就是使得有效组合基距接近最大干扰波的视波长。反之,如果 γ_{max} 非常小,则即使检波器数量非常多,也不会达到理想的压制效果。这一点对于次生干扰波发育的复杂地表地区更有意义。

(2) 确定检波器数量要与组合图形相结合。如果组合图形的灵敏度分布不合理,即使采用非常多的检波器,仍然不会有效衰减干扰波(详见本章第五节)。同时,还要考虑到室内混波后的组合方式,以便在使用较少检波器的情况下,实现室内外联合压噪,达到最好的压噪效果。

(3) 在其他因素不变的情况下,线性等灵敏度组合增加到 $\gamma_{max}+3$ 个检波器以后($\gamma_{max}=$ 组合基距/最小干扰波视波长),组合对规则干扰波的压噪能力不再随着检波器数量的增加而显著提高。

(4) 在组合基距确定的情况下,检波器个数越多,对环境干扰的衰减越明显(包括组内距小于随机干扰半径时)。但是,增加到一定数量后,衰减效果不再出现明显变化。18 个检波器组合对多数工区而言是一个比较合适的数量界限,太多的检波器组合不会见到明显的成效。

(5) 检波器数量的多少对衰减检波器内部噪音以及耦合谐振噪音没有明显作用。

第五节　检波器组合的摆放形式

在选择不同的组合图形进行面积组合时,在其他因素(组合基距、组内距、检波器个数、组内高差等)大致相同的情况下,不同组合图形之间的主要差异,表现为组合的方向特性不同,也就是对来自不同方向的干扰波的响应不同。判断一个好的组合图形的标准应该是:在各个方向均具有良好的压噪能力。当前,几乎在每一个工区都要进行不同类型的组合图形试验,比如矩形、菱形、放射形、风车形、圆形……但是,计算表明,纵向拉开大致一个道距,横向大致拉开一个最大干扰波视波长的矩形组合,就是具有全方位压噪能力的最佳组合。因为这种图形既具有很好的方向性响应(在其他组合因素都合理的前提下),又简单易行,便于野外施工(图 4-67,几种组合图形的方向特性的比较)。

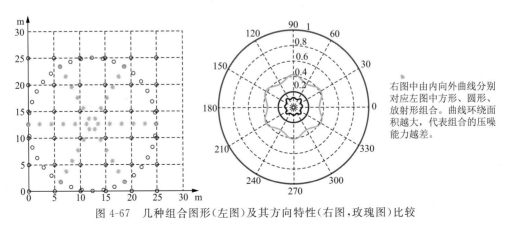

右图中由内向外曲线分别对应左图中方形、圆形、放射形组合。曲线环绕面积越大,代表组合的压噪能力越差。

图 4-67　几种组合图形(左图)及其方向特性(右图,玫瑰图)比较

同时,从目前野外实践的角度来看,还有另外几点需要注意。

(1)两个检波器紧紧并列摆放无益于信噪比的提高。因为此时两个检波器之间没有时差(无论对有效波还是干扰波),所以既不会衰减环境噪音,也不会衰减规则噪音,是一种资源的浪费。正确的方式应该是在每一个检波器之间都保持一定的距离。当然,如果希望用增加检波器数量来提高"机电比",则属于另外一种情况。

(2)其他因素相同的情况下,检波器随机分布的组合要比规则分布的组合具有更好的方向特性。因为规则分布的时候,总有一个方向是多个检波器重合的,检波器之间没有时差,对于沿地面传播的干扰波没有相互抵消的衰减作用,没有做到物尽其用。而随机分布的组合方式恰恰避免了这一点。所以,在某些不便于规则放置的地区,根据地形对每个放置点进行适当调整,其组合的方向特性要好于规则的直线型排列方式,并不会降低组合的压噪能力,理论计算也证明了这一点(图4-68)。究其原因,是因为严格直线放置时在某些方向上的检波器分布只有几个点,小幅度调整检波器位置并进行室内混波后,检波器在平面上分布的位置会变得更加均匀、压制干扰波的效果也更好。

(3)在组合图形不合理的情况下,增加检波器个数有时候反而不利于压噪能力的提高。

图4-69右图是新疆某工区采取宽线+大组合施工时采用的布线方式。室内组合后总共用到了432个检波器,其对应的玫瑰图为图4-70中的红线,这当然比传统的主要沿排列拉开的组合方式的压噪能力有了很大的提高。但是,如果采用图4-69左图所示的72个检波器组合方式(对应玫瑰图为图4-70蓝线),却可以达到比(室内组合后)432个检波器更好的压噪效果。

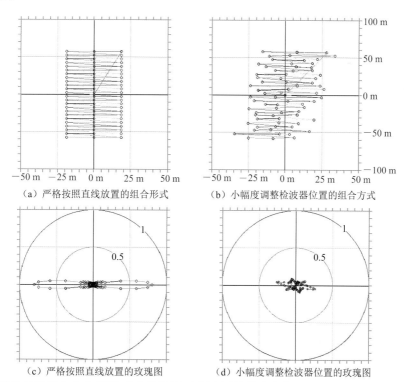

(a)严格按照直线放置的组合形式　(b)小幅度调整检波器位置的组合方式

(c)严格按照直线放置的玫瑰图　(d)小幅度调整检波器位置的玫瑰图

图4-68　两种检波器组合方式(严格按直线放置、小幅度调整检波器位置,上图)及其对应的玫瑰图(下图)

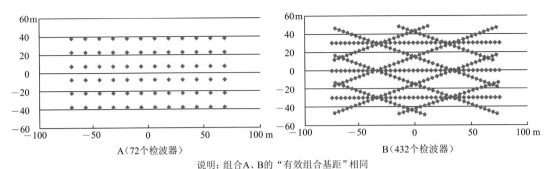

说明：组合A、B的"有效组合基距"相同

图 4-69　"有效组合基距"相同的两种检波器组合方式（2，室内组合后）

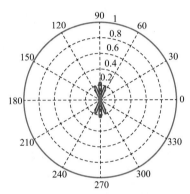

说明：蓝色曲线对应图4-69中检波器组合A（72个检波器）
　　　红色曲线对应图4-69中检波器组合B（432个检波器）

图 4-70　图 4-69 两种组合方式对应的玫瑰图

（4）灵敏度分布的不合理，是导致组合压噪能力降低的重要原因。

经过计算，发现导致压噪效果不理想的一个重要原因是灵敏度的分布不够合理，进而导致了压噪能力的降低。因为在设计检波器组合的时候，灵敏度的分布不像组合基距一样直观，在很多时候没有引起人们足够的重视。图 4-71 中两种组合方式在 in-line 方向的组合基距、组内距以及检波器个数都是一样的，唯一不同的是两种组合方式的灵敏度分布不同，但是 A、B 两种组合在 in-line 方向的压噪能力差距很大（图 4-72）。进行仔细分析后可以发现，组合 A 在干扰波为 in-line 方向入射时，其灵敏度分布为 2、10、2、10、2、10；组合 B 的灵敏度分布为 6、6、6、6、6、6（图4-73）。可见，灵敏度分布的不合理，呈现出跳跃性的特点，正是

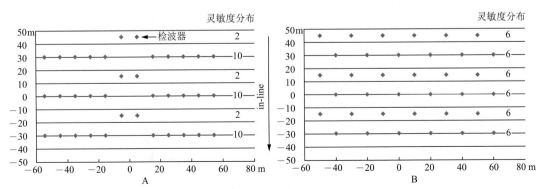

图 4-71　in-line 方向灵敏度不同的两种检波器组合（组合基距、组内距、检波器个数均一样）

令组合 A 压噪能力差的原因。计算证明,如果灵敏度的分布是等灵敏度或者三角形(中间的灵敏度大,两边的灵敏度小),组合的压噪效果会比较好;相反,如果组合的灵敏度分布为哑铃型(中间的灵敏度小,两边的灵敏度大)或者跳跃型(灵敏度分布变化剧烈),那么在这种情况下即使组合拉开的距离很大,其压噪的效果也会大打折扣(图 4-74)。

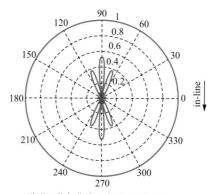

说明:蓝色曲线对应图4-71中组合A
红色曲线对应图4-71中组合B

图 4-72　图 4-71 中两种组合对应的玫瑰图

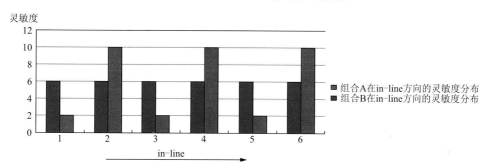

图 4-73　图 4-71 中组合 A、B 在 in-line 方向的灵敏度分布

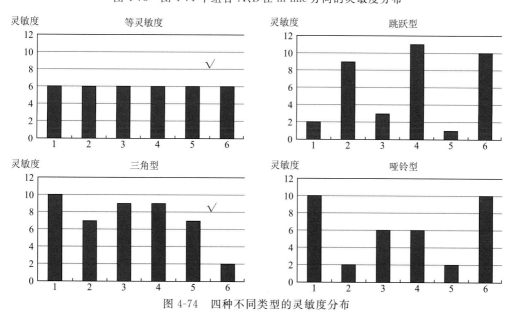

图 4-74　四种不同类型的灵敏度分布

所以,在野外施工中,检波器组合图形的设计尤为重要,很多看似具有全方位压噪能力的组合方式,却往往在某个方向上出现压噪能力显著变差的情况。这是因为设计图形的时候,往往只是关注组合基距的大小,而没有注意灵敏度的分布是否合理,特别是没有利用玫瑰图考察各个方向的压噪能力,使得很多时候即使使用了大量的检波器进行组合,也没有取得满意的压噪效果。

第六节　结束语

检波器组合是野外采集阶段最重要的衰减噪音的手段之一。组合因素(包括纵横向组合基距、组内限差、检波器数量、组合形式等)以及施工地区的地上、地下地质条件,特别是噪音的类型与强度,在很大程度上决定了组合衰减噪音的效果。通过理论计算与试验验证,笔者得出以下结论。① 沿排列方向拉开一个道距,垂直排列大致拉开一个最大干扰波的视波长(特别对于次生干扰波发育的复杂地区),可以使来自各个方向的规则干扰波得到有效衰减。② 检波器组合组内限差标准在地表复杂地区应该适当放宽,以便更有效地压制干扰波,提高信噪比。③ 缩小道距会提高地震信号的高频截止频率,但是在反射信号主频比较低的情况下,效果不明显。④ 通过计算检波器组合的玫瑰图可以评估其压制各个方向规则干扰波的能力。同时,适当增加检波器的数量,有助于更好地衰减随机干扰波。综合以上两个因素,可以大致计算出具体工区合适的检波器数量,但并不是越多越好。⑤ 检波器组合的灵敏度分布对于组合的压噪效果非常重要。

参考文献

［1］ MEUNIER J. Seismic Acquisition from Yesterday to Tomorrow,2011 SEG/EAGE Distinguished Instructor Short Course［C］. Society of Exploration Geophysicists Distinguished Instructor:Series Volume 14,Tulsa:SEG,2011.

［2］ SHERIFF R E,GELDER L P. Exploration Seismology［M］. Cambridge:Cambridge University Press,1995:254.

［3］ 陆基孟,等. 地震勘探原理［M］. 北京:石油工业出版社,1990.

［4］ 阎世信,刘怀山,姚雪根. 山地地球物理勘探技术［M］. 北京:石油工业出版社,2000.

［5］ 李庆忠. 地震高分辨率勘探中的误区与对策［J］. 石油地球物理勘探,1997,32(6):751-783.

［6］ CRISI P A,PERRIN T J. How Much Wind is Enough? ［J］ SEG Technical Program Expanded Abstracts,2003:70-73.

［7］ SINGH V,CHANDOLA S K,BHAGAT S B,et al. Seismic Resolution and Geophone Ground Coupling［J］. SEG Technical Program Expanded Abstracts,1997:130-133.

［8］ VOS J,CREMERD B B,DRIJKONINGEN G G,FOKKEMA J T,et al. A Theoretical and Experimental Approach to the Geophone-ground Coupling Problem Based on Acoustic Reciprocity［J］. SEG Technical Program Expanded Abstracts,1995:1003-1006.

［9］ KROHN C E. Geophone Ground Coupling［J］. Geophysics,1984,49(6):722-731.

［10］ KROHN C E. Geophone Ground Coupling［J］. The Leading Edge,1985,4(4):56-60.

［11］ SPIKES K T,STEEPLES D W,SCHMEIDDNER C S,et al,Varying the Effective Mass of Geophones［J］. Geophysics,2012,66(6):1850-1855.

［12］ DRIJKONINGEN G G. The Usefulness of Geophone Ground-coupling Experiments to Seismic Data［J］. Geophysics,2000,65(6):1780-1787.

［13］ JEFFERSON R D,STEEPLESZ D W,BLACJZ R A. Effects of Soil-moisture Content on Shallow-seismic Data［J］. Geophysics,2012,63(4):1357-1362.

［14］ 徐淑合,刘怀山,童思友,等. 准噶尔盆地沙漠区地震检波器耦合研究［J］. 青岛海洋大学学报:自然科学版,2003,33(5):783-790.

［15］ 朱德兵,任青文. 惯性式传感器性能特点及原位测试实验分析［J］. 水利水电科技进展,2004,24(5):30-33.

［16］ 刘志田,吴学兵,王文争,等. 地震勘探采集中尾锥因素对检波器耦合系统的影响［J］. 中国石油大学学报:自然科学版,2006,30(3):26-29.

[17] 吕公河. 地震勘探中次生干扰弹性动力学分析[J]. 石油物探,2001,40(3):76-81.

[18] 石战结,田钢,董世学,等. 沙漠地区地震检波器耦合的高频信号匹配滤波技术[J]. 石油物探,2005,44(3):261-263.

[19] 张志发,王者江,张凤蛟,等. 特殊耦合地震波检测与匹配滤波技术试验研究[J]. 吉林大学学报:地球科学版,2006(S1):185-189.

[20] 李庆忠. 高频随机噪声的三分量测定[J]. 石油物探,1998(1):1-13.

[21] 边环玲,楚泽涵,封锡强. 地震检波器与地表耦合问题探讨[J]. 石油仪器,2001,15(3):5-7.

[22] TAN T H. Reciprocity Theorem Applied to the Geophone-ground Coupling Problem[J]. Geophysics,1987,52(12):1715-1717.

[23] DRIJKONINGEN G G,REDMAKERS F,SLOB E C. A New Elastic Model for Ground Coupling of Geophones with Spikes[J]. Geophysics,2006,71(2):9-17.

[24] WASHBURN H,WILEY H. The Effect of the Placement of a Seismometer on its Response Characteristics[J]. Geophysics,1941,6(2):116-131.

[25] 胡世丽,李贵荣. 振动力学和波动力学的讨论[J]. 采矿技术,2010,10(4):115-116.

[26] 王伟,赖永星,苗同臣,等. 振动力学与工程应用[M]. 郑州:郑州大学出版社,2008.

[27] 王济,胡晓. MATLAB在振动信号处理中的应用[M]. 北京:中国水利水电出版社;北京:知识产权出版社,2006.

[28] 石战结,田钢,沈洪垒,等. 灰岩裸露区检波器三自由度耦合系统理论的研究[J]. 地球物理学报,2010,53(5):1234-1246.

[29] 石战结,田钢,谷社峰,等. 检波器与灰岩地表耦合效应的理论和试验研究[J]. 石油地球物理勘探,2011,46(4):529-534.

[30] 刘百芬,张利华. 信号与系统[M]. 北京:人民邮电出版社,2012.

[31] 杨毅明. 数字信号处理[M]. 北京:机械工业出版社,2012.

[32] FABER K,MAXWERLL P W,WISE F. Further Experiments in Geophone Coupling Using the Geo-pinger Technique[J]. SEG Technical Program Expanded Abstracts,1995:769.

[33] MAXWERLL P W,EDELMANN H A K,FABER K. Recording Reliability in Seismic Exploration as Influenced by Geophone-ground Coupling[C]. 56TH EAEG MEETING,VIENNA:EDGE,1994:6-10.

[34] 张丙和,崔樵,裴云广. 新型三分量数字检波器DSU3[J]. 石油仪器,2015,19(4):39-40.

[35] 王梅生. 数字检波器的应用及效果[J]. 物探装备,2007,17(4):235-240.

[36] 李强. 地震勘探检波器组合低频响应问题研究[D]. 北京:中国地质大学(北京)地球物理与信息技术学院,2005.

[37] 邱卫卫. 油气勘探中新型光学检波器的研究[D]. 济南:山东大学控制科学与工程学院,2005.

[38] 张家田,丁伟. 地震勘探检波器的理论与应用[M]. 西安:陕西科学技术出版社,2006.

[39] 孙传友,潘正良. 地震勘探仪器原理[M]. 东营:石油大学出版社,1996.

［40］ 丹·穆吉诺,刘俊杰. 加速度数字检波器加速中国多波地震勘探的进程［J］. 天然气工业,2007(S1):10-12.

［41］ 中石化石油工程地球物理公司胜利分公司. HJ 地区施工设计［R］. 东营:中石化石油工程地球物理公司胜利分公司,2009.

［42］ 舍赛尔公司. 428XL 用户手册［M］. 南特:舍赛尔公司,2006.

［43］ 刘益成,戴得平,余厚全. 高分辨地震勘探采集站参数选择［J］. 石油物探,1997(2):116-123.

［44］ 李庆忠. 走向精确勘探的道路——高分辨率地震勘探系统工程剖析［M］. 北京:石油工业出版社,1993.

［45］ 陈志德,关昕,李玲,等. 数字检波器地震资料高保真宽频带处理技术［J］. 石油地球物理勘探,2012,47(1):46-55.

［46］ RONEN S,GIBSON J,BURNETT R,et al. Comparison of Multi-component Data from Different MEMS Sensors［C］. EAGE 67th Conference & Exhibition,Madrid:EAGE 67th Conference & Exhibition,2005:13-16.

［47］ GIBSON J,BURNETT R. Another Look at MEMS Sensors… and Dynamic Range ［J］. CSEG Recorder,2005,30(2).

［48］ RONEN S,COMEAUX L,CARTWRIGHT M,et al. Comparison Between Geophones and Two MEMS Types and Repeatability of Land Data［J］. SEG Technical Program Expanded Abstracts,2005:908-911.

［49］ STOTTER C,ANGERER E,HERNDLER E. Comparison of Single Sensor 3C MEMS and Conventional Geophone Arrays for Deep Target Exploration［J］. SEG Technical Program Expanded Abstracts,2008:173-177.

［50］ GIBSON J,BURNETT R,RONEN S,et al. MEMS sensors:Some Issues for Consideration ［J］. The Leading Edge,2005,24(8)786-790.

［51］ MOUGENOT D,CHERRPOVSKIY A,JUNJIE L. MEMS-based Accelerometers:Expectations and Practical Achievements［J］. First Break,2011,29(2):85-90.

［52］ HONS M,STEWART R,LAWTON D,et al. Ground Motion Through Geophones and MEMS Accelerometers:Sensor Comparison in Theory,Modeling,and Field Data ［J］. SEG Technical Program Expanded Abstracts,2007:11-15.

［53］ MAXWELL P W,CAIN B,ROCHE S L. Field Test of a Micro-machined,Electro-mechanical,Digital Seismic Sensor［J］. SEG Technical Program Expanded Abstracts,1999:621-624.

［54］ HAUER G,HONS M,STEWART R,et al. Field Data Comparison:3C-2D Data Acquisition with Geophones and Accelerometers［J］. SEG Technical Program Expanded Abstracts,2008:3713.

［55］ ZHANG Y,ZOU Z,ZHOU H. Estimating and Recovering the Low-frequency Signals in Geophone Data［J］. Seg Technical Program Expanded Abstracts,2012:1-5.

［56］ CHIU S K,EICK P,HOWEL J. The Feasibility and Value of Low-frequency Data Collected Using Colocated 2 Hz and 10 Hz Geophones［J］. The Leading Edge,32

(11):1366-1372.

[57] 李庆忠,魏继东. 论检波器横向拉开组合的重要性[J]. 石油地球物理勘探,2008,43
(4):375-382.

[58] 李庆忠. 论地震次生干扰[J]. 石油地球物理勘探,1986(3):207-225.

[59] PALAZ I,MARFURT K J. Carbonate Seismology[M]. Tulsa:USA Society of Geo-
physi-Cists,1997.

[60] 夏竹,张少华,王学军. 中国西部复杂地区近地表特征与表层结构探讨[M]. 石油地球
物理勘探,2003,38(4):414-424.

[61] 杨贵明,钱荣钧,严峰. 塔里木盆地大沙漠静校正方法[J]. 石油地球物理勘探,29
(S1):110-124,128.

[62] 魏继东,李庆忠. 检波器组内高差对高频信息压制的理论分析[J]. 石油地球物理勘
探,2007,42(5):597-602.

[63] 李庆忠,魏继东. 高密度地震采集中组合效应对高频截止频率的影响[J]. 石油地球物
理勘探,2007,42(4):363-369.

[64] 魏继东. 检波器数量对组合压噪能力的影响[J]. 物探与化探,2011,35(2):238-242,
247.